Thierry Gaudin

Les métamorphoses du futur

Essai de prospective technologique

ECONOMICA
49, rue Héricart, 75015 Paris

Sommaire

La rédaction de l'ouvrage a bénéficié, notamment pour la deuxième partie, du concours d'Annie Battle, auteur des « Travailleurs du futur » (Ed. Seghers).

Présentation

Prévoir l'avenir est un défi plusieurs fois millénaire, et très tôt commercialisé. Fontenelle, dans son "histoire des oracles" montre comment la crédulité des uns alimente l'obscure habileté des autres, dès la Grèce ancienne.

Depuis, bien d'autres pratiques prévisionnelles sont venues enrichir la transe des pythies. D'allure plus scientifique, elles n'en sont pas moins manipulatrices, et nullement exemptes de phantasmes et d'illusions.

Pendant une quinzaine d'années j'ai cherché comment, par un effort de rigueur et de discipline, échapper à la manipulation et à l'illusion. Un jour, j'ai vu qu'on ne le pouvait pas, car le futur se rêve avant de s'incarner. Tout résulte du pouvoir de l'imagination. En un sens, tout le monde manipule et tout le monde est manipulé. Peut-être y prenons-nous secrètement un certain plaisir.

Il ne s'agit pas ici de dire ce qui sera, mais de permettre au lecteur de se mettre en état de voir les futurs possibles. Compte tenu de ce qui vient d'être dit, c'est lui proposer de renouveler son stock d'illusions, mais avec une certaine forme de rationalité.

Le Rapport sur l'Etat de la Technique [1], publié par le CPE, après sept ans d'élaboration, en 1986, établit les bases de la métamorphose contemporaine. Présenté aux publics les plus divers, il suscitait des questions, auxquelles peu à peu des réponses me sont venues. Elles concernent le pouvoir, les motivations, et ébranlent les bases philosophiques, considérées jusqu'ici évidentes de la société contemporaine. Exprimer cette maturation est le but des pages qui suivent.

Cette nouvelle manière d'aborder la prospective présente l'inconvénient de nécessiter un travail documentaire important, mais constitue une démarche mieux assurée, combinant à la fois le concret (la technique), le relationnel (le pouvoir) et le conceptuel (la philosophie).

1. Numéro spécial de la revue *Sciences et Techniques* - juillet août 86.

L'espèce humaine, être vivant complexe, parvient à son état actuel de développement à la faveur d'une longue série de mutations. Les innovations techniques, du feu à la micro-électronique, en passant par le langage et l'écriture en ont été à la fois les agents et les manifestations. Alors que les espèces animales évoluent en transformant leurs organes, l'homme, lui, ne change presque pas dans son corps. A la place, il modifie la technique, son prolongement extérieur, son *interface* avec le monde. Aussi les innovations n'apparaissent pas comme une suite d'évènements indépendants, au hasard des découvertes individuelles, mais comme des mouvements cohérents d'un système technique global dont les ruptures et les périodes d'équilibre évoluent en phase avec celles des systèmes sociaux, politiques, économiques, philosophiques.

Pour décrypter les mouvements de notre société, nous partons de ceux des systèmes techniques. Selon l'historien Bertrand Gille, "à une période donnée, dans une certaine aire géographique, la technique constitue un système global où tout est interdépendant". Lorsqu'une innovation importante se produit, elle transforme peu à peu l'environnement. On ne peut pas considérer isolément un métier ou une profession, chacun dépend des autres[1]. S'obliger à voir les relations donne accès à la compréhension du mouvement des échanges, des institutions, des pouvoirs, des moeurs, de la pensée, y compris de la pensée philosophique, et de leur influence en retour sur la technique.

Cette démarche enrichit la prospective qui privilégie trop souvent des dimensions particulières, selon les spécialités ou les idéologies des auteurs : l'économique, le social, le politique, ou les technologies dominantes au détriment du système global.

La prospective ne peut se satisfaire d'un regard fragmentaire, elle exige la vision la plus large des facteurs du changement social. Elle seule permet de comprendre la métamorphose de notre temps, celle de l'émergence de l'esprit dans un monde qui se dématérialise.

L'essai qui suit est donc une tentative d'élargir notre champ de conscience par une analyse globale du présent, à partir des enseignements de l'histoire, en commençant par celle des systèmes techniques dans leurs relations avec la société. Parce que l'histoire seule peut éclairer un futur dont les germes sourdent sous notre regard éveillé.

1. Bertrand Gille, *Histoire des techniques*, La Pléiade, Paris, 1978.

Remerciements :

Annie Batlle m'a aidé à mettre dans une forme lisible ce livre, en l'enrichissant de données variées, issues de ses travaux personnels [1]. Après le rapport sur l'état de la technique, élaboré avec André-Yves Portnoff et la revue "Sciences et Techniques", les travaux de l'équipe du CPE entre 1982 et 1987 dans les domaines de la veille technologique, de la prospective et de l'évaluation m'ont servi de base. Je remercie les membres de cette équipe chaleureusement. Sans eux, cette nouvelle prospective n'aurait jamais pu naître. Le séminaire "approches de la cognition", tenu à Cerisy en juin 87, m'a apporté les éléments théoriques nécessaires pour compléter la lecture de nos précédents travaux. Les cartes qui figurent dans ce volume viennent du GIP Reclus, pour Europrospective. Merci également à Liliane Le Méhaute d'avoir saisi cet ouvrage sur "micro", dans des conditions parfois acrobatiques.

Thierry GAUDIN

1. A. Batlle, *les travailleurs du futur*, Seghers, Paris, 1986.

PREMIÈRE PARTIE

Les ruptures technologiques

Que la technique évolue depuis l'aube de l'humanité, que certaines inventions comme le feu, l'agriculture, l'imprimerie, l'ordinateur fassent faire des bonds aux sociétés humaines, alors que d'autres leur procurent seulement des améliorations progressives, cela est généralement admis. Ces évolutions ne constituent pas un processus continu. Bien au contraire, elles installent pour un temps plus ou moins long des systèmes qui tendent à un état stable. La plupart des grandes civilisations, l'empire chinois, les aztèques, l'Inde et le monde arabe, ont conservé pendant plusieurs siècles des systèmes stables et équilibrés, perpétués en harmonie avec leur organisation socio-politique et leurs croyances religieuses.

Notre civilisation occidentale fait exception à ce modèle. Pendant le dernier millénaire elle a, à trois reprises, déstabilisé sa technique et été déstabilisée par elle.

L'analyse de ces déstabilisations nous mène à constater que le mouvement des techniques, aussi chaotique qu'il paraisse, est intelligible. Il s'anime de grandes vagues lentes, s'étalant chacune sur deux siècles environ.

Or, les structures de ces grandes transformations se ressemblent. Elles jalonnent l'histoire du dernier millénaire depuis le haut moyen âge en passant par la révolution industrielle, et celle que nous vivons actuellement. Ces métamorphoses bouleversent chaque fois le monde occidental et se manifestent par l'évolution simultanée de quatre domaines en étroite relation.

Ces quatre pôles : matière, énergie, temps, vivant, correspondent à des catégories anciennes, la matière, l'énergie, le temps et la vie, qui rappellent les éléments chers aux ésotéristes (la terre, le feu, l'air et l'eau). Elles se relient à une symbolique forte, présente depuis des millénaires.

La technique n'est pas seule en cause. Tout change. Il y a basculement du pouvoir, restructuration des mentalités et transformation technique, en même temps que se réactivent les interrogations philosophiques et le débat religieux.

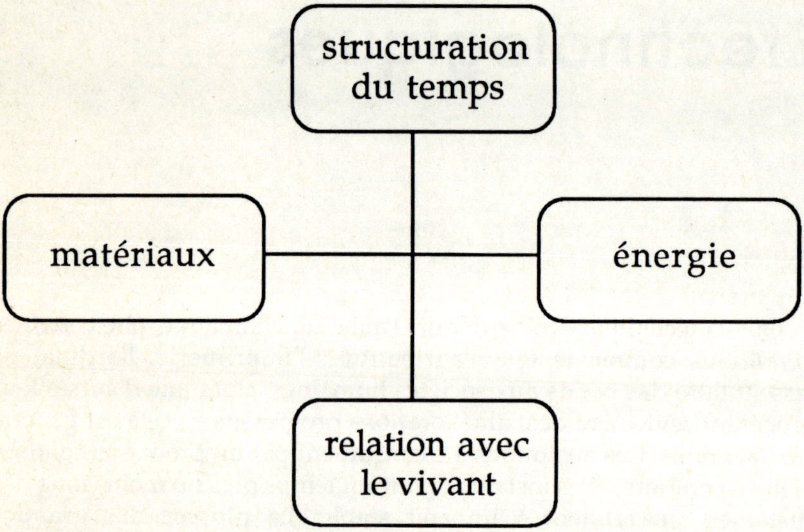

Les chapitres qui suivent proposent une vision historique de cette production mutuelle technique société.

CHAPITRE 1

La métamorphose médiévale

A l'an mille, la classe dirigeante est issue de la féodalité. Celle-ci, comme le dit Tocqueville, a une mentalité adaptée à sa fonction. Elle engendre des familles nombreuses, car même si certains de ses fils périssent au combat, le nom doit être perpétué. Elle respecte un code de l'honneur, car, pour dissuader les ennemis ou les brigands, il faut se montrer susceptible et juste à la fois ; elle arbore des emblèmes, des armoiries, qui identifient clairement les symboles et les devises dont elle se réclame. Dans chaque domaine féodal, apparaissent déjà les traits essentiels de ce que seront les entreprises et les institutions modernes : concentration de ressources humaines, comportements garants de la crédibilité et primauté de l'image symbolique, "l'image de marque", figurant sur les oriflammes et au fronton des chateaux.

Aratores, Bellatores, Oratores

Les aînés des enfants, prenant la succession, perpétuent la fonction militaire. Les cadets vont dans les monastères. Dans les trois "ordres" de l'imaginaire du féodalisme dont parle Georges Duby [1], (Aratores, Bellatores, Oratores), les deux derniers constituent la classe dirigeante, les guerriers et les moines. L'ensemble forme un triangle, pointe en bas.

1. G. Duby, *Les trois ordres ou l'imaginaire du féodalisme*, Gallimard, Paris

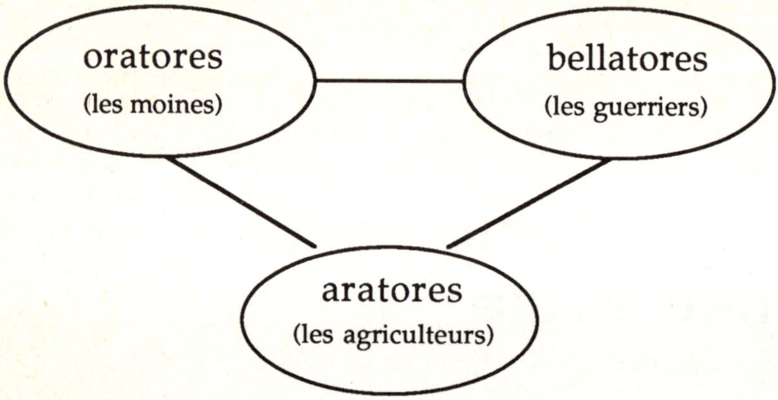

Tout repose sur l'agriculteur, qui travaille à la limite de ses possibilités. Il reste à peine assez de semences pour maintenir les cultures. La féodalité, caste de guerriers se partage le contrôle du territoire et assure la protection des populations rurales ; les conflits larvés entre les féodaux remettent sans cesse en cause les domaines, dévastent les récoltes. Cette instabilité, en retour, justifie l'existence même de la féodalité, dont le rôle est de maintenir l'ordre: destruction et protection, double face de la chevalerie et de la puissance militaire, s'équilibrent dans une dialectique autojustificatrice. C'est ainsi que, de tous temps, s'établissent les pouvoirs, depuis les Achéménides jusqu'à la Maffia.

Au moyen âge, le pouvoir fort impose une relation d'appartenance, une dépendance et des corvées. Il limite d'autorité le développement du commerce, des échanges à l'intérieur de l'Europe aussi bien qu'à l'intérieur des différentes provinces.

Le seigneur féodal fonctionne avec sa maisonnée sur les ressources de son territoire rural, il essaie de vivre en autarcie pour garantir sa sécurité. Des instructions très précises interdisent aux paysans d'aller au marché,"lieu de perdition". Dans le climat de compétition guerrière qui règne alors, la chevalerie fruste et sportive se sent tout permis. Des cultures et même des lieux de culte sont dévastés sans raison. L'Eglise en 1024 exige que les chevaliers fassent serment de ne plus piller les monastères. Néanmoins les excès continuent et lorsque, en 1095, la première croisade est lancée, l'Eglise a enfin trouvé une méthode pour canaliser leur excès de vitalité et, plus sûrement aussi, les éloigner.

Allez donc voir en terre sainte si j'y suis...

Les chevaliers laissent la surveillance de leurs affaires aux intendants, qui commencent sans tarder à détourner à leur profit une part des fonds qu'ils étaient chargés de percevoir. Ainsi s'établit une fraude fiscale, du côté du percepteur. Dans le même temps, les agriculteurs, moins contrôlés, se mettent à défricher clandestinement et à cultiver des essarts. Ils s'approprient la fabrication du fer, jusqu'alors sous bonne garde et réservée aux usages militaires : pelles, pioches, herses, serpes et surtout socs de charrue permettent les grands défrichements. Le paysan, qui dissimule une partie de ses récoltes, prend alors le chemin du marché pour vendre ses productions.

Des courants d'échange naissent, il se constitue une nouvelle classe de petits bourgeois, de commerçants (catégorie jusqu'alors quasi absente du paysage féodal), alimentée par la fraude fiscale des intendants et le commerce des produits de la terre.

Ces petits ruisseaux se constituent aux dépens des rivières des féodaux, mais également aux dépens de celles des moines, jusqu'alors protégés par le bras séculier.

Il n'est pas rare qu'un seigneur féodal lègue la moitié de ses biens à un couvent ; les possessions des ordres religieux sont impressionnantes. Pourtant, à force de dépenses ostentatoires, de laxisme, submergé par le nombre d'improductifs à nourrir, l'ordre bénédictin est ébranlé par une crise financière et une crise de légitimité. En 1122, Pons de Melgueil, abbé, chef suprême de l'ordre, est obligé d'abdiquer. Le pape le démet de ses fonctions pour mauvaise gestion, fait sans précédent. La situation paraît sans issue. Le domaine de Saint Benoît, fondateur du système monastique occidental, centre de la chrétienté méditative, risque de s'effondrer. L'ordre de Cluny, le célèbre, le prestigieux, est menacé de ruine et de discrédit. Il ne connaît même plus les limites de ses biens, brouillées par les manipulations de la paysannerie qui efface peu à peu les traces d'appartenance.

C'est alors que, sous la pression de la nécessité, prend place la réforme cistercienne, retour à la simplicité, à la pratique, recours à la technologie, pour reconquérir sur tous les fronts des positions que n'assurent plus les seuls privilèges.

Le retour aux sources

Bernard de Clairvaux – le futur Saint-Bernard – depuis son abbaye de Cîteaux, dès 1117, alors qu'il n'a plus de quoi nourrir sa communauté, affirme la nécessité d'un retour à la Règle de Saint-Benoît [1] :

1. Pour plus de détail sur cette controverse, voir Adriaan H. Breders : *Cluny et Cîteaux au douzième siècle*, Holland University press, Presses universitaires de Lille.

humilité et travail manuel. Sur ces bases, il constitue une puissante organisation, l'ordre cistercien: chacun de ses établissements devra vivre de sa propre production en innovant, après s'être installé au coeur de friches, au "désert" comme on disait alors, pour mieux souligner la performance. Ce faisant, Saint Bernard affirme un rapport clair et original entre la connaissance et la capacité de survie.

"Si tout notre savoir ne nous rend pas capable de survivre par nos propres mains, c'est qu'il ne vaut pas grand chose", dit-il en substance. C'est sensiblement le discours tenu par les écologistes qui s'installaient dans les Cévennes dans les années 70.

...et le recours à la technologie

Ce réajustement au principe de réalité procède d'une double idéologie. D'une part un retour aux sources, à la rigueur, à la nature pour chasser l'esprit impur qui s'est emparé des villes, nouvelles Babylones, foyers de corruption. D'autre part, mettre en place, sous une main de fer, (celle de Saint-Bernard) une organisation qui préfigure celle des multinationales. Les moyens matériels et financiers nécessaires à la construction des abbayes, des monastères, sont rassemblés et mis en oeuvre par la seule volonté agissante de moines, managers convaincants. Le bâtisseur de l'abbaye du Thoronet[1] arrive sur place avec son seul savoir en poche, et le lien intellectuel avec le réseau cistercien. Il fait son affaire de lever les autres moyens, notamment financiers. Le succès de l'entreprise est évident. Les établissements se multiplient (700 en deux siècles). Ce sont non seulement des lieux de prière, mais des lieux de production, sortes de proto-usines. La technologie des moulins se diffuse. Des comptages effectués montrent que, lorsqu'une abbaye s'implante en un lieu – inexploité conformément au souhait de Saint-Bernard – dans les quarante années qui suivent surgissent une trentaine d'autres moulins. Les moines ne propagent pas seulement l'usage des moulins, technique millénaire, mais aussi la capitalisation des connaissances existantes en agriculture et en élevage nécessaire à la sélection rationnelle des plantes et des animaux. Ils copient et diffusent des écrits qui, dès les Carolingiens, traitent de ces questions.

Pendant un siècle et demi, l'ordre s'enrichit ; il conquiert le sommet de l'Eglise avec Benoît XII, pape cistercien, en 1151, deux ans avant la mort de Saint-Bernard.

Les changements techniques sont en général contemporains de grands débats philosophiques ou religieux. Abélard, moine provocateur à l'éloquence acérée, et les premiers universitaires passent au crible de l'analyse logique l'interprétation des textes sacrés.

1. Fernand Pouillon, *Les pierres sauvages*, Seuil, Paris.

Redécouvrant, par le canal d'Averroès, l'esprit des philosophes grecs, ils mettent en débat les versions officielles et, de ce seul fait, créent scandale. Les exercices laborieux s'interrogeant sur le sexe des anges, que nous confondons aujourd'hui sous le nom de scolastique, introduisaient à l'époque une dangereuse impertinence : le syllogisme là où l'autorité cléricale était supposée suffire.

Saint-Bernard n'hésitait pas à qualifier Abélard de serpent venimeux, et le clergé dans tous ses états refusait le dialogue, pratiquait la langue de bois en face de cet innovateur à la recherche des fondements. De tous temps, les apparatchicks ont horreur d'être contredits, et la grande tradition universitaire, celle qui doute des vérités toutes faites, se retrouve, à toutes les époques, en difficulté avec le pouvoir. Aujourd'hui, celui-ci va jusqu'à attaquer les statistiques quand elles lui déplaisent, préférant, comme dans les contes de fées, casser le miroir plutôt que d'accepter ce qui est. Le travail des intellectuels reste au fond toujours le même : celui de défendre un principe de réalité contre les phantasmes dont les pouvoirs aiment à s'énivrer.

Dans un second temps, les succès économiques exposent l'Eglise à de nouvelles critiques. Elle combat contre les hérétiques de plus en plus nombreux et de plus en plus choqués par la distance qu'elle prend avec l'esprit de pauvreté et de pureté de l'Eglise primitive.

La descente aux enfers

Dès le douzième siècle l'hérésie cathare se répand dans toute l'Europe. Comme disent les "parfaits" : si une Eglise aussi riche prétend représenter l'absolue pauvreté du Christ martyr c'est qu'il y a deux dieux : celui de l'ancien testament, coléreux et injuste, véritable démiurge, qui exprime les forces confuses, sombres et viscérales qui habitent la matière ; l'autre dieu, celui du nouveau testament, rayonne tout entier de lumière et de bonté. Comme le disent les évangiles, il vient racheter l'humanité prisonnière des forces de l'ombre. L'Eglise, dans son discours, se réclame du Christ mais, dans sa pratique, se laisse tout entière déterminer par ses besoins matériels, corrompue par le luxe et l'idolaterie (le culte des saints). Etant le siège d'une telle contradiction, en proie à la confusion, habitée par la cupidité, elle ne peut que procéder du démiurge.

Saint Bernard, puis Saint-Dominique, prêchent contre les cathares. Dominicains et Franciscains, en réponse à l'hérésie, se constituent en ordres mendiants, reprenant les armes de l'adversaire.

Simultanément, pour faire la démonstration de sa puissance, l'Eglise construit des cathédrales.

Faute de réussir par la persuasion, l'Eglise met en place l'Inquisition, technologie de contrôle social dont les outils se sont perpétués :

l'enquête judiciaire (le mot même vient de inquisitio) ; l'interrogatoire à huis clos ; l'utilisation systématique de la délation, et même de la torture pour extirper les aveux des hérétiques, règlementée par la bulle "ad extirpenda" du pape Innocent III (fallait-il s'appeler Innocent – celui qui ne sait pas – pour signer un tel document ?) ; Le corps de policiers, directement rattaché au sommet, habilité à court-circuiter, et à mettre en accusation si nécessaire n'importe quel élément de la hiérarchie ; l'étoile jaune, car les hérétiques étaient tenus de porter, dans certaines circonstances, un signe dictinctif visible cousu sur leur vêtement ; enfin le génocide idéologique, de la croisade contre les albigeois au bûcher de montségur, plusieurs centaines de milliers de morts. L'Eglise choisit alors de survivre en renonçant à ses principes fondateurs : crime métaphysique, modèle de tous les crimes institués ultérieurs dont les contrecoups dévastent encore le monde moderne, des camps de la mort aux génocides. *La différence entre un crime de droit commun et un crime métaphysique est en effet que le premier reste singulier dans le temps et dans l'espace, tandis que le second, qui touche aux fondements même de la société, se reproduit à travers l'Histoire.*

Il n'est pas inutile d'expliciter l'erreur de logique – un détail en apparence – à l'origine d'un si grand crime, car elle est encore présente aujourd'hui. Elle concerne les rapports entre les individus et les institutions, en l'occurrence les croyants et l'Eglise. Comme les institutions ont une longévité très supérieure à celle des individus – les générations de moines se succèdent, l'ordre se perpétue à travers eux – la tentation est grande d'admettre que, si la perpétuation de l'institution exige la mort de quelques individus, leur sacrifice est légitime. L'exemple du Christ enseignait le contraire. Cela n'empêcha pas l'Eglise de faire des Albigeois le premier peuple crucifié [1], ouvrant la voie à plusieurs siècles de crimes institutionnels, jusqu'aux génocides industrialisés contemporains.

Les mutations des pôles

Revenons au changement technique, qui se représente, lui aussi, par une croix. La mutation du système technique médiéval s'exprime dans la transformation des quatres pôles.

Le temps

La clepsydre et le cadran solaire suffisaient aux monastères bénédictins pour rythmer la vie quotidienne. Les premiers usages pratiques

1. HC Lea, *Histoire de l'inquisition au moyen âge*, Jérome Millon, Paris.
Sala Molins, *le manuel des inquisiteurs*, Mouton, Paris.
Zoe Oldenbourg, *Le bucher de Montségur*, Gallimard, Paris.

de la mesure du temps sont en effet dus aux communautés monastiques d'où vient la notion même de règle de vie.

Charlemagne ordonne aux abbayes de "sonner les septs heures canoniales, afin d'instruire les peuples sur la manière et les heures auxquelles il convient d'adorer Dieu". Peu à peu, le découpage du temps s'étend à toute la société, jusque dans les campagnes ; les horloges à poids apparaissent. Le calendrier est modifié. L'homme va désormais vivre au rythme d'un temps abstrait. Il ne s'agit encore que des heures.

Le vivant

Lorsque les monastères cisterciens déploient leur réseau à travers l'Europe, les copistes à l'écriture normalisée, disciples de Saint Bernard, font circuler dans tous les établissements de l'ordre les écrits qui existent sur la sélection des plantes et des animaux. Les rendements s'améliorent de façon spectaculaire.

Les matériaux

Le fer existait bien avant l'empire romain. En Turquie, les Hittites, dès 1500 avant JC, disposaient d'armes en fer qui tenaient en respect les troupes de Pharaon. Mais, jusque vers l'an 1100, il reste un matériau d'usage militaire. Au début du XIIe siècle seulement, il commence à se répandre dans les campagnes sous forme de faux, pelles, pioches et surtout socs de charrues qui permettent de nouveaux défrichements dans l'Europe entière. On ne connaît pas exactement les causes de cette diffusion. Elle résulte sans doute du départ des chevaliers à la première croisade(1095). Il se serait alors produit cet "effet de coupure des crédits", caractéristique de la fin des guerres : les capacités de production disponibles, faute de commandes, se tournent vers d'autres usages. Les chevaliers partis, la demande de fer baisse. Ceux qui vivent de sa production cherchent alors d'autres usages, d'abord discrètement car c'est interdit, puis s'enhardissent, voyant la faiblesse du risque, en l'absence des militaires. Pendant tout le XIIè siècle le fer se répand à travers l'Europe.

L'énergie

Les moulins existent déjà dans la Grèce antique. A l'apogée de l'Empire romain l'architecte Vitruve invente le moulin à roue à aubes, muni d'un engrenage à angle droit qui transforme la rotation autour d'un axe horizontal en une autre de l'axe vertical portant la meule. Ce moulin, les armées romaines l'emmènent en campagne ce qui leur permet de se passer des services de la population, et dans le même temps, de leur apporter un progrès.

Le moulin aussi a donc une histoire militaire. Il se diffuse largement. Vers l'an mil plusieurs milliers tournent en Irlande, mais il reste un instrument de meunerie. A partir de 1120 seulement, lorsque les monastères cisterciens fondent des communautés autarciques, capables de vivre de leur propre savoir dans un lieu inexploité (le "désert"), d'autres usages apparaissent : fouler le drap, actionner des soufflets de forges ou des marteaux pilons, faire de la pâte à papier, scier le bois ... Le moulin, outil spécialisé, devient alors une véritable source d'énergie aux usages diversifiés.

Pour le fer comme pour les moulins, ce n'est pas le perfectionnement d'une technique particulière mais le transfert à des usages nouveaux qui déclenche la mutation. Cette idée du transfert technologique, maintenant systématisée, repose sur un constat intemporel de l'histoire, au coeur de la notion de système technique.

Le territoire social pendant toute cette période reste la terre, base de la survie, fondement de la richesse, objet de convoitise. D'elle et d'elle seule l'homme tire sa nourriture, ses matériaux, et pour quelques uns le pouvoir et la fortune. Elle est le lieu de vie, l'horizon. Les innovations technologiques sont toutes destinées à la traiter, l'exploiter, transformer ses produits.

Entre 1100 et 1300 la prospérité dûe aux progrès techniques s'accompagne d'un doublement de la population.

A la seconde génération, les moyens de production sont gérés par une population moins compétente, la productivité baisse, ce qui accélère la cristallisation, accentue le durcissement institutionnel et accroît, en même temps, la pénurie. C'est la crise et le désarroi. Malthus dans son "essai sur le principe de population" observe que, dans chaque pays, dans chaque civilisation, la population augmente jusqu'à saturer les subsistances, compte tenu de l'état de la technique. Les peuples chasseurs, dit-il, ont besoin de territoires vastes, qu'ils occupent avec une faible densité tandis que les agriculteurs, qui, tels les chinois, ont développé l'art de l'irrigation, peuvent subsister très nombreux sur de petites surfaces. L'état de la technique forgée au XIe siècle permet une densité d'environ 40 habitants au km2, niveau de saturation atteint progressivement dans les différentes provinces d'Europe entre 1260 et 1315. La pénurie réapparaît.

Se produit alors un double phénomène : la cristallisation institutionnelle et le déclin économique, qui s'accélèrent et se renforcent mutuellement. Peu avant les saturations, les territoires institutionnels se reconstituent ; les métiers retombent dans les mains de corporations, les moulins dans celles des féodaux ou des monastères. Rien de tel que les crises pour renforcer les institutions en place. Les premières famines arrivent en 1316 : en 1348, la grande peste se déclenche dans une population déjà affaiblie, elle tue le tiers de l'Europe, s'apaise, revient, reste récurrente jusque vers 1475. S'y ajoute la guerre de cent ans (1337-1453): deux siècles noirs. Les jacqueries et le spectre des flagellants, qui se fouettent publiquement en signe d'expiation, hantent cette période que J. Huizinga appelle "l'automne du Moyen Age".

Transformation du système technique moyen-âge

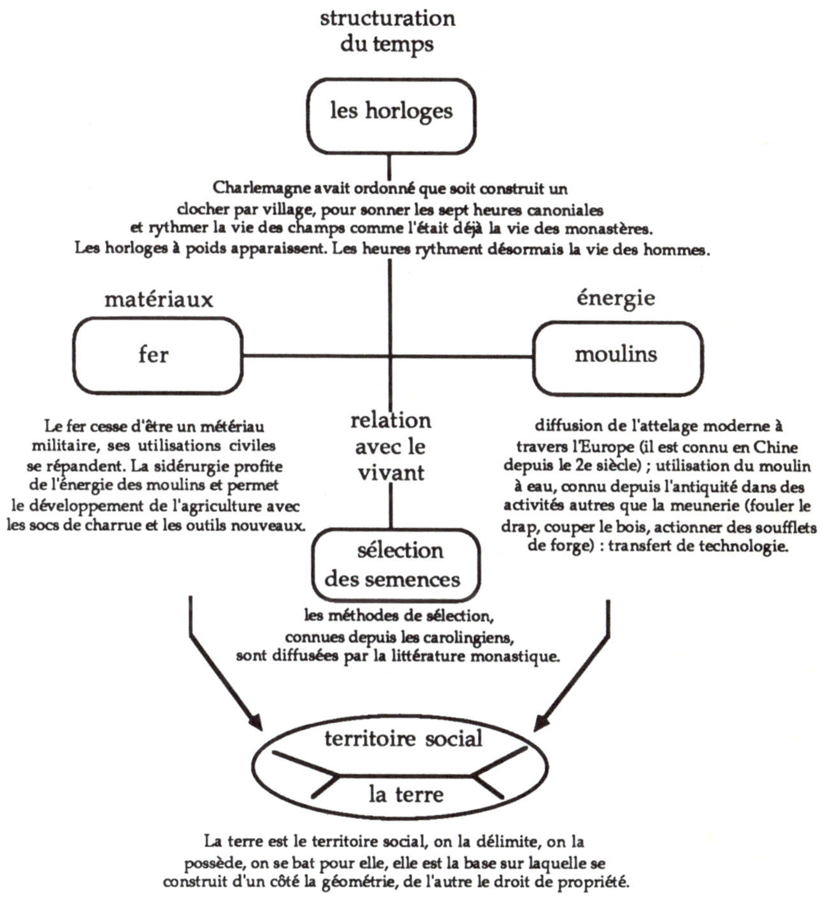

DIFFUSION DE TECHNIQUES EXISTANTES ENRICHISSEMENT, PAR TRANSFERT, DE LA TECHNOLOGIE DU QUOTIDIEN LE RESEAU DES MONASTERES REPAND LA CULTURE TECHNIQUE

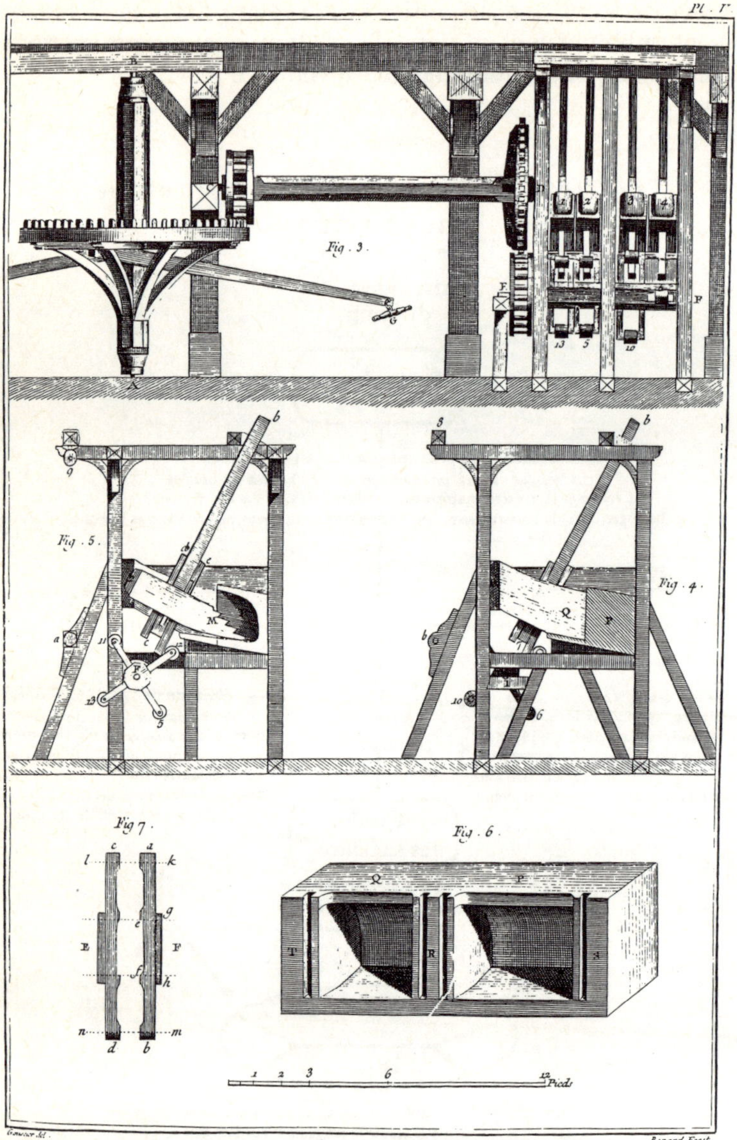

Chamoiseur,
Moulin a Foulon.

La population, réduite de moitié, revient à son niveau de l'an 1 100. Les forêts ont regagné du terrain. La renaissance surviendra au creux de cette vague démographique, dans une Europe où les ressources naturelles sont redevenues surabondantes par rapport au niveau de la population, sur les ruines d'une société féodale sapée à la fois dans ses bases économiques, dans son organisation politique, et dans ses justifications intellectuelles et morales.

CHAPITRE 2

La métamorphose industrielle

Du XIe au XIIIe siècle s'est donc accomplie une déstabilisation que l'historien Jean Gimpel qualifie de révolution industrielle médiévale [1]. L'époque ne produit pas d'inventions techniques spectaculaires, mais elle permet une diffusion, une exploitation, un transfert massif de techniques existantes.

Pour qu'une innovation modifie le système économique, il faut du temps. Les périodes de transformation sont décalées par rapport aux "inventions". L'invention se répand comme un virus : lorsque les "défenses immunitaires" de la société (les résistances à l'innovation) s'abaissent, les applications commencent à proliférer, par une sorte d'épidémie positive; "alors, l'interaction technologie-société devient sensible" [2].

Les ingénieurs de la Renaissance, après ce tunnel de deux siècles, ne feront eux-mêmes qu'exploiter des inventions qui existaient déjà ; ils les mettront au service de leurs princes, esthètes et guerriers, chefs de petites principautés en lutte perpétuelle.

Les ingénieurs de la Renaissance

L'Italie doit à ses princes la création des premiers centres de recherche techniques. Les plus importants et les plus célèbres : Milan sous François Sforza, Urbin grâce aux Montefelte, Rimini sous les Malatesta. A la fois architectes, artistes et ingénieurs militaires, les Taccola, Valturio, Di Giorgio, Le Filatère, Luciano et Léonard de Vinci y

1. Jean Gimpel, *la révolution industrielle au Moyen Age* , Seuil, 1975.
2. Rapport sur l'Etat de la Technique (CPE, Sciences et Techniques 1986 p. 42).

conçoivent fortifications, machines de guerre, armes nouvelles, y développent la perspective et l'optique, les mathématiques et le calcul, peignent aussi fresques et vitraux. Ils permettent aux mécènes de conjuguer la menace et le charme. L'esprit des Borgia rôde, conseillés par Machiavel.

Les savoirs s'interpénètrent ; les travaux des géomètres sur la perspective, les dissections des chirurgiens donnent des éléments nouveaux aux peintres ; le dessin transformé sert aux ingénieurs.

Praticiens, artistes, ingénieurs, techniciens, se retrouvent autour des mêmes problèmes, puisent aux mêmes sources" [1]. Décloisonnement, diffusion, transfert de connaissance, la Renaissance explose, ses princes brillent de tous leurs feux.

En même temps se cristallise le concept de pouvoir avec Machiavel [2]. Celui-ci, conseiller d'origine modeste, ne s'est jamais vu confier de responsabilités de premier rang. Déjà Confucius, en Chine, au VIe siècle avant JC, autre grand théoricien et consultant des empereurs, s'était trouvé écarté. Sans doute le pouvoir préfère-t-il les hommes de l'ombre, les éminences grises discrètes et feutrées. Ceux qui parlent trop clairement et publiquement gênent. Ils risquent de le rendre prévisible et de l'enfermer dans des règles, menaçant son essence même.

Machiavel appartient au parti des guelfes, regroupant des hauts fonctionnaires surtout préoccupés de la bonne marche des choses publiques, soucieux d'éviter ce que nous appelons maintenant les excès de pouvoir. Mais il lui faut être entendu des princes. Pour cela, il ne met pas en doute le pouvoir. Observant qu'il y a en général beaucoup plus de candidats pour l'occuper que de places disponibles, et que l'on voit rarement des situations où il reste vacant, il l'accepte comme une des données premières de la nature humaine. Si l'on voulait résumer son oeuvre, il faudrait dire d'abord : "le pouvoir est" ; il existe à travers les âges, sous différentes formes. Et, puisqu'il est, je vais le traiter comme une question technique. Il y a des règles pour construire des ponts et fabriquer des horloges, en voici de semblables pour premièrement conquérir le pouvoir quand on ne l'a pas, deuxièmement, s'y maintenir quand on l'a.

Il observe, par exemple, que les organisations centralisées sont plus difficiles à conquérir que les organisations décentralisées parce que tout y réagit avec unité mais, une fois qu'on les a conquises, il est plus facile de s'y maintenir, car dans un système décentralisé, il reste toujours des barons mécontents qui complotent pour vous renverser.

1. B. Gille, *Les ingénieurs de la Renaissance* , Hermann, Paris, 1967.

2. Machiavel, *Oeuvres complètes* , La pléïade, Paris.

Il fait remarquer aussi que les généraux peuvent réussir avec des styles de commandement très différents. Marius, général romain, était aimé de ses troupes pour sa modération, sa mansuétude, et l'intérêt qu'il portait aux problèmes de chacun. Sévère, au contraire, dont le nom est devenu un adjectif, était craint à cause de la dureté avec laquelle il réprimait les manquements. L'un et l'autre étaient victorieux.

Machiavel disait de ces deux extrêmes : vous pouvez choisir soit l'un, soit l'autre, mais certainement pas quelque chose d'intermédiaire entre les deux, car alors vous paraîtrez incohérent et les troupes ne vous suivront pas. Il ne manifeste de préférence ni pour Marius ni pour Sévère, puisque les deux sont également efficaces.

Il présente donc le pouvoir comme une question technique, abstraction faite de l'éthique. C'est d'ailleurs ce que lui reproche Frédéric II, pour qui le prince doit faire le bien de ses sujets. Il faut préciser que l'un et l'autre étaient dans des situations fort différentes: Machiavel subissait l'amoralité des Borgia, à qui personne, même le pape, n'avait de conseils à donner. Frédéric II, prince parmi les princes de son époque, tenait à paraître plus admirable que les autres. Leurs deux discours sont aussi des discours de circonstance.

Le fait de poser en termes techniques la question du pouvoir est déjà une manière d'en tracer les limites. Le technicien se soumet aux lois de la nature. Si ça marche, tant mieux ; si ça rate, c'est lui qui s'est trompé. Dans la "première décade selon Tite Live", ouvrage resté confidentiel du temps de Machiavel, il laisse quand même pointer ses préférences, tout en restant fidèle à son raisonnement. Dans l'histoire romaine, dit-il, les périodes impériales, bien que plus glorieuses en apparence, ont une longévité moindre que les périodes républicaines. De ce fait, la république, malgré ses imperfections, est sans doute un meilleur système. Les successions s'y règlent sans qu'il y ait besoin de violence. On sent aussi entre les lignes, que les hauts fonctionnaires tels que ceux du parti des guelfes, (Machiavel lui-même), pourraient y avoir davantage de responsabilités. Mais la république est vulnérable. Lorsqu'elle fonctionne dans l'incertitude, lors de ses inévitables périodes de flottement, alors il peut se trouver qu'un tyran reprenne par la force le pouvoir.

L'histoire ne retiendra pas de Machiavel ses préférences pour la république plutôt que la monarchie, mais seulement ses conseils techniques. Il restera celui qui a établi le concept du pouvoir, comme capacité de disposer de l'éthique et des finalités, dès lors que l'on possède la technique. Ce faisant, il renforce sans le savoir la logique occidentale de la distinction, imposant que la technique et l'éthique sont à penser distinctement.

Plus tard, c'est en se fondant sur la distinction que Descartes affirmera la capacité de l'homme à accéder par ses propres moyens à la vérité. Il recommande de séparer les difficultés en éléments simples, qui se puissent résoudre distinctement.

C'est aussi sur la distinction que Louis XIV établit sa pratique du pouvoir absolutiste. Au moyen de mille marques d'intérêt soigneusement dosées en don ou en refus, en s'arrogeant le pouvoir de distinguer les courtisans les uns des autres, il s'arroge le pouvoir tout court.

C'est encore par la distinction que Montesquieu énonce sa règle de la séparation des pouvoirs, si en avance sur son époque qu'elle est encore très approximativement respectée aujourd'hui.

La distinction est un concept technique. Deux clefs qui n'ouvrent pas les mêmes serrures doivent être distinguées. De même, les clefs sociales : le nom, les armoiries, les appartenances. Il n'est plus question que les unes éliminent les autres pour retrouver un grand tout fusionnel et primitif sous l'autorité d'un chef de meute. Les objets techniques ne fusionnent pas, ils coexistent et cohabitent : on doit les traiter distinctement les uns des autres, comme les caractères d'un texte imprimé. Or, précisément, entre l'automne du moyen âge et la fin du siècle des lumières, la technologie au quotidien évolue peu, sauf sur un point : l'imprimerie.

L'imprimerie

Elle provoque des bouleversements profonds, étalés dans le temps :

– **religieux :** les fidèles vont désormais pouvoir lire librement la bible dans le texte, en traduction, et remettre en question les interprétations officielles assénées jusqu'alors ; le développement de l'esprit critique, la pratique du libre examen, mèneront à la Réforme ; malgré l'Inquisition, présente jusqu'au XVIIe siècle, le protestantisme restera incontrôlable ;

– **littéraires** : à la fin du XVe, les deux tiers des ouvrages ont encore un caractère religieux, le tiers va à la littérature profane. Au XVIe, c'est le remplacement du latin par les langues locales, au XVIIe l'âge classique : littérature de cour, et au XVIIIe avec l'édition à bon marché, le "grand public" (classe moyenne et femmes) accède au livre.

– **technologiques** : tout un processus de divulgation de la culture technique est engagé dès le XVe siècle et féconde la Renaissance, avec de nombreux traités d'agronomie, d'architecture.

Au XVIIIe siècle circule une littérature scientifique et technique de plus en plus complète ; elle est à l'origine d'une tentative d' "Académie des Arts et Techniques" assortie en 1669 d'une première exposition technologique rue de la Harpe à Paris en 1683 ; enfin de l'encyclopédie de Diderot et d'Alembert (1751-1772) machine de guerre lancée contre la superstition, qui annonce la révolution industrielle. C'est aux trois quarts un ouvrage technologique, dont les planches sont assez précises pour permettre de reproduire les opérations décrites dans toutes ces spécialités : horlogerie, meuble, imprimerie, construction, travail des métaux, du cuir etc...

– **politiques** : la diffusion de pamphlets et de livres que la police littéraire de l'ancien régime n'arrivait pas à endiguer, contribue à miner le système de valeur et prépare le terrain idéologique de la Révolution.

Des petits princes aux grands

Avec le déclin de la féodalité, une tendance à la centralisation du pouvoir se dessine. Elle se poursuit à travers la Renaissance où se forment des pouvoirs forts qui organisent le redressement économique et pratiquent de véritables politiques techniques fondées sur le recrutement de personnel compétent. Charles VII attire des militaires étrangers et place l'allemand Claus Smerment à la tête des mines de Jacques Coeur. Elevé dans le climat de lutte contre la fronde, Louis XIV n'aura de cesse de réduire ce qui reste des pouvoirs féodaux au bénéfice de l'Etat central [1]. Il attire les nobles à la Cour, les prend aux rêts des fastes de l'étiquette et, par ce moyen, les neutralise. Les nobles étant alors absents de leurs terres (comme jadis les croisés) la moitié des propriétés changent de mains pendant le XVIIIe. Elles sont rachetées par les fermiers-receveurs qui lèvent les impôts pour le compte de l'Etat ou de la noblesse. On assistera alors au même phénomène qu'au moyen âge : la fraude fiscale du côté du percepteur, et la prise de pouvoir progressive d'une classe de bourgeois récemment enrichis, qui développent des réseaux d'échanges, et font du commerce. Apparaissent des "entre-preneurs", étymologiquement ceux "qui prennent en se plaçant entre", des intermédiaires entre le producteur et le consommateur qui discernent avant les autres ou mieux qu'eux les intentions, les services nouveaux et les produits que demande le public. Ils achètent, revendent, font fabriquer et... prennent la différence. Marx y a découvert "l'accumulation primitive du capital".

La noblesse s'appauvrit et se déconsidère. Son comportement maniéré est de moins en moins adapté aux exigences de l'époque.

Le décalage entre le pouvoir nominal et le pouvoir réel se creuse. Alors, au sein de la classe dirigeante, le mouvement philosophique se développe et redécouvre, comme autrefois chez les Cisterciens, un principe de réalité : pourquoi les privilèges, si nous ne servons à rien ?

1. Norbert Elias, *la société de cour*, Champs Flammarion, Paris.

La structure de la société est encore ternaire, et repose toujours sur sa pointe.

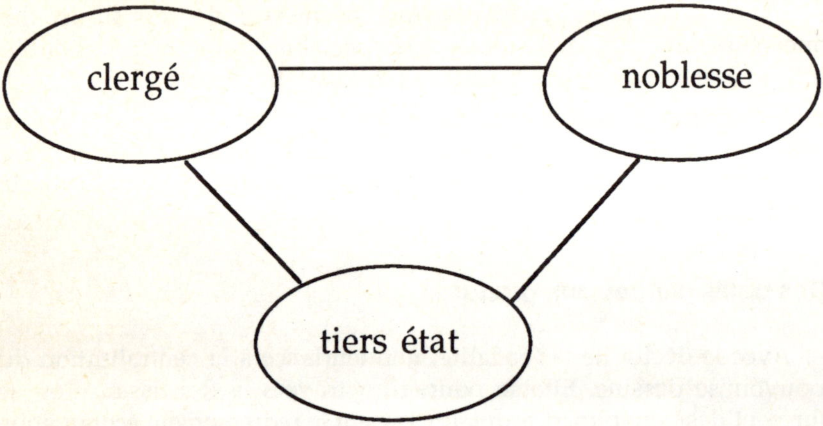

Comme leurs prédécesseurs du moyen âge, les intellectuels dissidents veulent retrouver une légitimité. Ils se ressourcent dans la technologie, s'efforcent de faire basculer le triangle et d'en occuper le sommet.

Diderot, d'Alembert... et les autres .

Terreau de la révolution industrielle, symbole du triomphe des innovateurs, l'encyclopédie de Diderot (1751-1772) véhicule des informations pratiques et directement utilisables, comme autrefois les manuscrits qui circulaient entre les monastères. Robert Darnton chiffre à 24 000 exemplaires et huit éditions successives la diffusion de l'encyclopédie [1]. Les croquis sont suffisamment précis pour qu'on puisse "reproduire" la technologie. Ce sont en effet les encyclopédistes qui récupèrent les planches sur les techniques que Réaumur avait mis quarante ans à produire pour l'Académie des sciences.

Elles n'avaient pas été publiées, sans doute pour ne pas porter atteinte aux corporations, détentrices du savoir et comptables de sa diffusion.

A toutes les époques, l'essentiel des obstacles à l'innovation procède des réflexes corporatistes protégeant les intérêts en place. Au moyen âge, Charlemagne avait affaibli les corporations. Lorsqu'elles se reconstituent au XIIIè siècle, l'innovation est bloquée. Le livre des métiers d'Etienne Boileau, écrit à cette époque, énonce avec minutie,

1. Robert Darnton, *L'aventure de l'encyclopédie*, Perrin, Paris.

les interdits réglementant les différentes professions. Trois cents pages grand format dans l'édition de 1879 !

Au XVIIIe siècle, Turgot essaie de supprimer les corporations. Celles-ci sont plus fortes que lui. Les pressions se multiplient. Le président de la chambre de commerce prend position, ce qui ne s'était jamais vu, devant le Roi. Malgré l'affection qu'il lui porte, Louis XVI doit se séparer de son premier ministre.

Il faut attendre la révolution et la loi Le Chapelier pour que les corporations soient supprimées, et l'accès aux différentes professions rendu libre pour tous. Un siècle et demi après, elles réapparaîtront, affaiblies, sous Vichy.

Aujourd'hui encore, les obstacles à l'innovation ne sont ni dans le libéralisme, ni dans le socialisme, mais dans les corporatismes divers qu'ils recouvrent l'un et l'autre. La défense des intérêts acquis, qu'ils soient ouvriers ou patronaux, n'est-elle pas d'abord une défense contre l'innovateur, qui, en osant faire autrement, mieux ou moins cher, perturbe le jeu des habitudes établies. L'innovateur ne sert ni les patrons ni les travailleurs, mais les consommateurs ou les usagers. Par rapport à la préservation de l'existant, au poids des routines, il opère une destruction créatrice.

Après la suppression des corporations et la diffusion de la culture technique par l'encyclopédie, la boîte de Pandore de l'innovation sera ouverte pour deux siècles.

Même si, comme le note B. Gille, l'encyclopédie décrit une technique qui n'est pas beaucoup plus sophistiquée que celle de la Renaissance, cet état de l'art va nourrir les réflexions et l'imagination des inventeurs.

Le réseau des monastères du moyen âge avait répandu la culture technique dans le milieu paysan. L'encyclopédie s'adresse au milieu artisanal et urbain. Participent au réseau de diffusion : des politiques comme Turgot ; des précepteurs célèbres comme Mme de Genlis qui enseigne la technologie aux enfants du roi, (dont le futur Louis-Philippe) à l'aide de maquettes ; le mouvement encyclopédiste lui-même ; la Fondation du Conservatoire des Arts et Métiers, en 1793, où toute machine nouvelle devait être déposée en double et en état de marche, et accompagnée d'un démonstrateur (cette idée de bibliothèque nationale des technologies n'a jamais vraiment fonctionné, mais son principe général a été posé dès cette époque) ; enfin, la franc maçonnerie. Celle-ci, dans laquelle s'est engagée la fraction la plus éclairée de la noblesse, subit aussi une métamorphose. A la maçonnerie opérative, héritière des bâtiments, des cathédrales et fortement ancrée dans la tradition compagnonnique, (le meilleur des corporations), succède la maçonnerie spéculative, transposant les méthodes, la transmission initiatique et le sérieux des compagnons au domaine de la pensée. Les ordres maçonniques suivent avec la plus grande attention les derniers développements de la science, propagent les idées politiques des lumières et mettent au point, dans leurs loges, les textes fondamentaux de l'époque : la constitution des Etats-Unis et la déclaration des droits de l'homme.

Saint Simon, lui-même issu de la noblesse, exprime parfaitement, après la Révolution, l'argumentation de ces nouveaux cisterciens, qui rebâtissent le système technique. "La noblesse est une caste de guerriers devenue inutile. Elle exerçait le pouvoir temporel, et l'Eglise le pouvoir spirituel. Le temporel revient maintenant à l'industrie, et le spirituel à la science". C'est la philosophie des ingénieurs, un discours qui fait faire.

Comme au moyen âge, l'époque est saisie par le doute. Les grandes questions philosophiques reviennent à l'ordre du jour. Les intellectuels s'interrogent sur le fondement du pouvoir, du savoir, de la religion, sur la nature. Pour la première fois, l'homme est pris comme finalité de sa propre activité sociale. La devise, remarquable de clarté et de pertinence, énoncée à cette époque, fondatrice des nouvelles démocraties – **liberté, égalité, fraternité** – donne le sens de son accomplissement. Deux cents ans après, elle reste la référence.

Le modèle recommandé par Saint-Simon s'écrit sous forme d'un triangle équilibré car, reposant, cette fois, sur sa base.

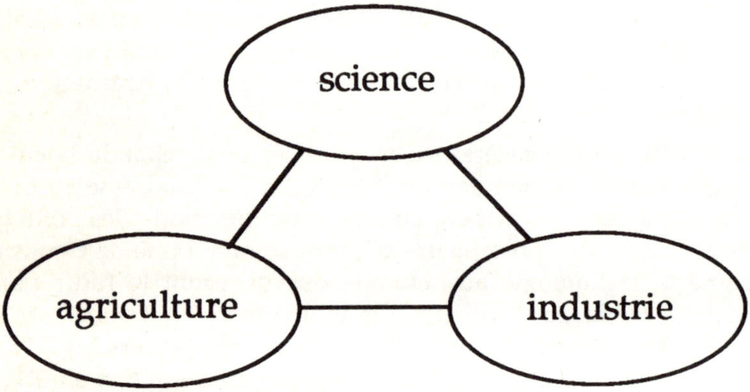

Le premier envol de l'homme

Un coup d'envoi populaire est donné à la technologie en 1783. Cette année là, Joseph et Etienne Montgolfier, Jean-François Pilâtre du Rozier, Jacques Charles, Nicole-Louis et Anne-Jean Robert firent voler les premiers aérostats à air chaud et à gaz. L'effet sur les mentalités de l'époque est extraordinaire. Les premières expériences aux Tuileries

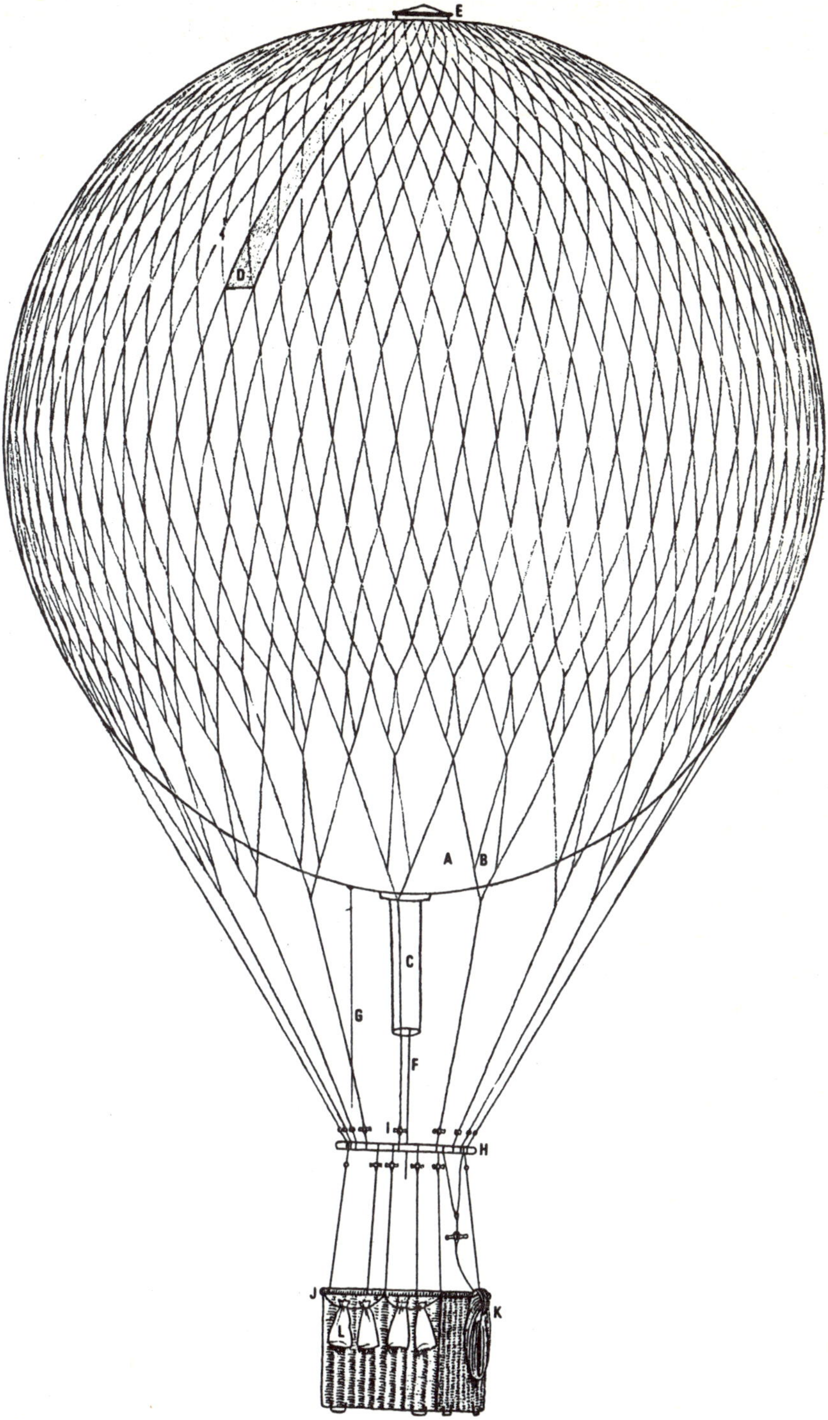
E
D
A
B
C
G
F
I
H
J
K
L

– sans personnel embarqué – rassemblent plus de 300 000 spectateurs, qui ont financé l'opération par souscription. Les incidents – le premier ballon à décoller s'enflamme à peine la Seine traversée – n'entament pas les enthousiasmes, mais incitent à la prudence. Louis XVI avait demandé qu'on embarque seulement des condamnés à mort (les Montgolfier eux-mêmes n'y grimpent que bien plus tard). Néanmoins, cet envol est ressenti collectivement comme un exploit de la science naissante. Bien à tort : les Montgolfier sont des papetiers d'Annonay, de solides artisans qui enfilent des "causes" surréalistes aux vertus ascentionnelles de leur "Montgolfière". C'est d'abord la force "fumante" qu'ils invoquent, persuadés que les fumées ont un pouvoir ascensionnel ; ils se donnent beaucoup de mal pour leur donner densité et noirceur, brûlant hardiment toutes sortes d'ingrédients nauséabonds... Puis ils trouvent plus élégant, quand la première explication apparaît trop fumeuse, d'appeler à la rescousse l'électrostatique qui pourtant n'y peut rien.

Cependant, portée par ces premiers ballons, qui vont envahir les toiles de Jouy et les assiettes de porcelaine, la science est propulsée au devant de la scène et, en même temps, les idées du mouvement philosophique, celles de la Révolution française. A la suite de cette expérience fantastique : l'envol, ambition du sorcier, qui concrétise des millions d'années de rêve humain, la crédibilité des encyclopédistes est établie dans le public. C'est une extraordinaire démonstration de force, un de ces événements marquants qui font vaciller les croyances ; Le propre du divin n'est-il pas cette capacité de monter au ciel ? Le lien entre les montgolfières et la révolution est méconnu, car on s'obstine à considérer d'habitude séparément les évolutions politiques et celles de la technique. Mais, quand on regarde la littérature de l'époque, ce lien devient évident : le clergé, la noblesse, la cour, le roi lui-même sont en dessous du ballon, ils regardent effarés ce globe qui les domine. Le symbole n'avait pas échappé aux chroniqueurs, qui avaient même plutôt tendance à en rajouter. Les anglais, jaloux de cette découverte qui claque dans les airs comme un drapeau farouche, raillent l'expérience. Monsieur, frère du roi, tranche les mérites respectifs des deux nations en quatre vers :

"les Anglais, nation trop fière
s'arrogent l'empire des mers
les Français, nation légère,
s'emparent de celui des airs".

Les quatre pôles

L'acier et le ciment se substituent au fer et à la pierre. L'acier continue à servir à faire des machines à tuer. La sidérurgie se développe. C'est le temps des maîtres de forges.

A l'énergie hydraulique des moulins, se substitue la machine à vapeur : c'est le machinisme, puis à la fin du XIXe, le moteur à explosion, et des gains considérables en efficacité, autonomie, disponibilité. La combinaison de l'acier et de la machine à vapeur permettra le formidable développement des transports.

Transformation du système technique révolution industrielle

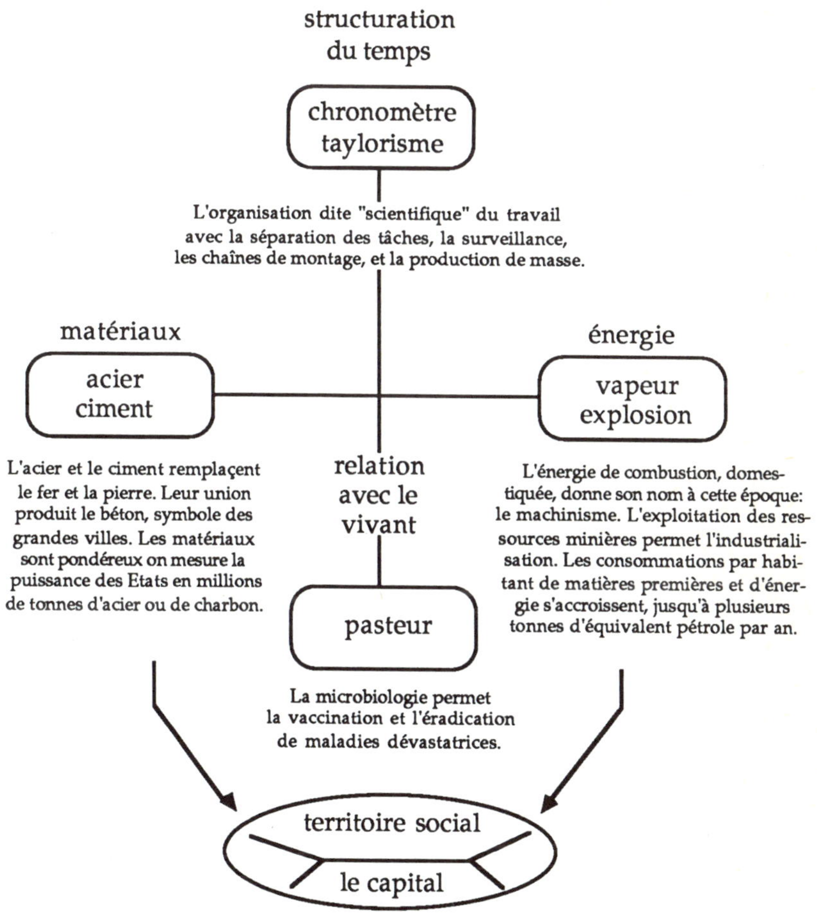

A la terre, vient s'ajouter le capital, qui devient un enjeu d'appropriation comparable. Des empires industriels se font et se défont à coup de batailles boursières. Le "capital", être abstrait aux mille personnalités, mais procédant toutes d'une même logique, devient la force dominante de la planète.

C'EST L'EPOQUE DE L'INVENTION
LA PRODUCTION EST CONSIDEREE
COMME LA REPONSE A TOUS LES DEFIS

La maîtrise du vivant progresse dans l'agriculture ; l'agronomie devient une science. Les développements de la médecine, de la chirurgie, la découverte des nouveaux anesthésiants, puis à la fin du siècle, la microbiologie pastorienne, ouvrent de nouvelles relations avec le vivant. Même le terrible bacille de la peste est isolé, les maladies les plus dévastatrices sont en voie d'être éradiquées.

L'utilisation du chronomètre taylorien consacre le passage du rythme des heures à celui de la seconde et contracte vigoureusement le temps. Comme le dit Jean-Jacques Salomon [1], l'horloge devient l'instrument de l'application de la science, non seulement à la durée, mais aussi à la cadence du travail.

Et, pour reprendre la numération cyclopédique chère à Schumpeter, le premier grand cycle de la révolution industrielle à la fin du XVIIIe et au début du XIXe, correspond à l'utilisation de la machine à vapeur et des inventions corrélatives dans les industries textiles ; le second peut être associé à l'essor de la production d'acier et des chemins de fer ; le troisième à celui de l'électricité et du moteur à explosion.

Le capital

Le territoire social change de nature. A la terre, jusqu'alors base de toutes les ressources, s'ajoute et se substitue progressivement le capital, lieu de l'appropriation des outils de production et de l'accès aux ressources naturelles. Le système industriel s'avère bien plus vulnérable que le système agricole. Survivre, pour une société industrielle, ce n'est pas seulement défendre son sol, mais aussi défendre ses accès aux ressources. Cette dépendance la contraint à la conquête permanente de territoires nouveaux et à un dynamisme croissant. Son déséquilibre engendre sa force expansionniste.

Avec la révolution industrielle, le développement des richesses est désormais lié à la propriété des moyens de production et à la concentration des machines.

La mentalité de la fabrique

"Tout dans la cité doit s'organiser comme dans une fabrique particulière", dit Saint Simon, maître à penser des industriels, dont le discours comme celui de son disciple Auguste Comte se retrouve encore aujourd'hui dans la bouche de nombreux patrons. Et, de fait, l'organisation du travail, conçue, développée, au XVIII et XIXe au sein des fabriques, façonne les structures mentales et les comportements, envahit la cité.

1. Jean-Jacques Salomon, *Promethée empétré*, Futuribles, Paris.

"**L'usine d'épingles, par Adam Smith**" (considéré par les économistes comme le père de la division du travail) :

"Un homme qui ne serait pas façonné à ce genre d'ouvrage, dont la division du travail a fait un métier particulier, ni accoutumé à se servir des instruments qui y sont en usage, dont l'invention est probablement due encore à la division du travail, cet ouvrier, quelque adroit qu'il fût, pourrait peut-être à peine faire une épingle dans toute sa journée, et certainement il n'en ferait pas une vingtaine . Mais de la manière dont cette industrie est maintenant conduite, non seulement l'ouvrage entier forme un métier particulier, mais même cet ouvrage est divisé en un grand nombre de branches, dont la plupart constituent autant de métiers particuliers. Un ouvrier tire le fil à la bobille, un autre le dresse, un troisième coupe la dressée, un quatrième empointe, un cinquième est employé à démoudre le bout qui doit recevoir le tête. Cette tête est elle-même l'objet de deux ou trois opérations séparées : la frappe est une besogne particulière ; blanchir les épingles en est une autre ; c'est même un métier distinct et séparé que de piquer les papiers et d'y bouter les épingles ; enfin, l'important travail de faire une épingle est divisé en dix-huit opérations distinctes ou environ, lesquelles dans certaines fabriques, sont remplies par autant de mains différentes, quoique dans d'autres le même ouvrier en remplisse deux ou trois. J'ai vu une petite manufacture de ce genre qui n'employait que dix ouvriers, et où par conséquent quelques-uns d'eux étaient chargés de deux ou trois opérations. Mais, quoique la fabrique fût fort pauvre et, pour cette raison, mal outillée, cependant, quand ils se mettaient en train, ils venaient à bout de faire entre eux douze livres d'épingles par jour ; or, chaque livre contient au-delà de quatre mille épingles de taille moyenne. Ainsi, ces dix ouvriers pouvaient faire entre eux `plus de quarante huit milliers d'épingles dans une journée ; donc chaque ouvrier, faisant une dixième partie de ce produit, peut être considéré comme faisant dans sa journée quatre mille huit cent épingles. Mais s'ils avaient travaillé à part et indépendamment les uns des autres, et s'ils n'avaient pas été façonnés à cette besogne particulière, peut-être pas une seule, dans sa journée, c'est-à-dire pas, à coup sûr, la deux cent quarantième partie , et pas peut-être la quatre mille huit centième partie de ce qu'ils sont maintenant en état de faire, en conséquence d'une division et d'une combinaison convenables de leurs différentes opérations.

Dans tout autre art et manufacture, les effets de la division du travail sont les mêmes que ceux que nous venons d'observer dans la fabrique d'une épingle. Quoiqu'en un grand nombre le travail ne puisse pas être aussi subdivisé ni réduit à des opérations d'une aussi grande simplicité. Toutefois, dans chaque art, la division du travail, aussi loin qu'elle peut y être portée, donne lieu à un accroissement proportionnel dans la puissance productive du travail. C'est cet avantage qui paraît avoir donné naissance à la séparation des divers emplois et métiers".

Pl. I.

Goussier del.   Benard Fecit.

Aiguillier.

"La production salvatrice" (Saint-Simon)

L'homme mis au service de la fabrication est devenu force de travail, machine, objet. En 1925, Oscar Schlemmer, au Bauhaus, dans ses "Costumes pour un ballet mécanique" traite le corps humain sous forme de sphères, de pyramides, de parallélépipèdes, le projette symboliquement dans l'espace de la géométrie des objets. Au bout de cette logique il y aura le robot, objet qui en remplace un autre. Puisque la production peut relever tous les défis, il faut fabriquer des produits, et l'identité d'une entreprise, c'est son produit : "Menier c'est le chocolat, et le chocolat c'est Menier".

Ce matérialisme social se distingue du matérialisme philosophique qui pose seulement que le principe de réalité se trouve nécessairement dans la matière, pour mieux se méfier des illusions qui habitent parfois l'esprit. Ici, la matérialité des choses est érigée en finalité. Et, comme "pour faire de bonnes productions, il faut de bonnes infrastructures", (Saint-Simon) on entame une politique de grands travaux (canal de Suez, Canal de Panama, réseaux ferroviaires des frères Pereire..), on mesure la puissance des Etats en millions de tonnes de charbon et d'acier produites.

Production, spécialisation, rendement, efficacité, contrôle, sont quelques uns des attributs d'une logique productiviste que nous connaissons bien, forgée au creux des fabriques du XIXe. Vigoureusement transmise du haut en bas d'une hiérarchie aussi verticale que les cheminées des usines et avec ses vestales, gardiens du temple de la rationalité taylorienne : les ingénieurs.

La république a besoin de savants [1]

A la fin du XVIIIe et au début du XIXe sont créées les grandes écoles qui vont produire en série les ingénieurs, catégorie sociale du système technique mis en place par la révolution industrielle. Hommes de "l'engin" ils savent faire marcher les machines. Ils ont une filiation certaine avec les réparateurs de moulins, mais renouent surtout avec la grande tradition des ingénieurs de la Renaissance, en ce sens qu'ils mettent la technique au service du pouvoir. Napoléon veut des ingénieurs militaires de très haut niveau. Monge, fondateur de l'Ecole Polytechnique, invente la descriptive pour servir la balistique. Simultanément, les ingénieurs s'impliquent dans l'exploitation du sous sol et des minerais (mines) dans la construction et les transports (ponts, chemins de fer, canaux) qui sont alors les industries de pointe auxquelles ils appliquent leur virtuosité calculatrice.

1. J. Langins, *l'Ecole polytechnique*, Belin, Paris, 1986.

Léonard de Vinci ne disait-il déjà que la mathématisation de la technique était la quintessence de leur art ? Ils s'intéressent au solide, au sérieux : le perfectionnement de la machine à vapeur (Clapeyron) la construction métallique (Eiffel). Mais des inventions majeures poussent néanmoins en parallèle hors du cercle des ingénieurs diplômés, au marges de l'"establisment", comme il se doit. Pelton, inventeur de la turbine, était un charpentier de village ; Morse, un peintre ; Gramme, père de la dynamo, un modeleur. On dit que le jour où il vint à l'académie des sciences écouter la description et l'éloge de son invention, il s'endormit d'ennui pendant la séance. Les ingénieurs, eux, sont les gardiens de l'efficacité, et de l'ordre industriel Saint Simonien qui, en échange, leur assure un statut prestigieux. Produits d'écoles conçues à partir des idées de l'époque sur ce que devrait être l'industrie, leur tendance naturelle est de suivre l'industrie, plutôt que de la précéder, de reproduire plutôt que d'innover. L'organisation en corps, ou en professions dans les pays anglo-saxons, favorise l'appropriation corporatiste du savoir et de la technologie, alors que la créativité naît au contraire de la diffusion de la culture technique dans le peuple.

CHAPITRE 3

La métamorphose contemporaine

Abandonner un système pour un autre, changer de culture et de société ne résulte pas d'une décision, délibérée ou régalienne. Les périodes de mutation, de transformation sont longues, complexes, soumises à des allers et retours, même si on parle souvent de "révolution" à leur propos.

Depuis plusieurs années, des signes de changement s'annoncent. Les fissures du système industriel édifié au siècle dernier s'ouvrent, de plus en plus apparentes. De nouvelles technologies, de nouvelles valeurs émergent. On parle de société post industrielle, de société post moderne [1] parce qu'il est plus facile de se situer par rapport au connu qu'aux brouillards de l'inconnu.

Les pôles s'animent

La déstabilisation du système industriel est à l'oeuvre. Ses valeurs vacillent. Mille signes, certains aveuglants, d'autres à peine perceptibles prouvent que nous entrons dans une période de transformation du système technique.

Les matériaux explosent et percolent dans toute l'industrie : les polymères, élastomères, composites, céramiques, colles, nouveaux alliages se répandent dans les objets quotidiens. Pas une entreprise n'échappe à la question : comment vais-je passer au plastique, introduire des alliages légers, assembler par collage..? Le vocabulaire évolue. Les néologismes foisonnent. On passe de quelques centaines de

1. Alain Touraine, *la société post industrielle*, Seuil, Paris, 1969.
D. Bell, *The coming of industrial Society*, N.Y. 1973.
J.F. Lyotard, *La condition post moderne*, Minuit, Paris, 1979.

mots à des dizaines de milliers. La complexité est là, elle impose des méthodes de repérage, comme l'analyse de la valeur (Value analysis). Des procédés permettent de greffer des radicaux spécifiques sur des molécules lourdes, d'intervenir dans leur intimité pour obtenir des propriétés sur mesure.

Transformation du système technique contemporain

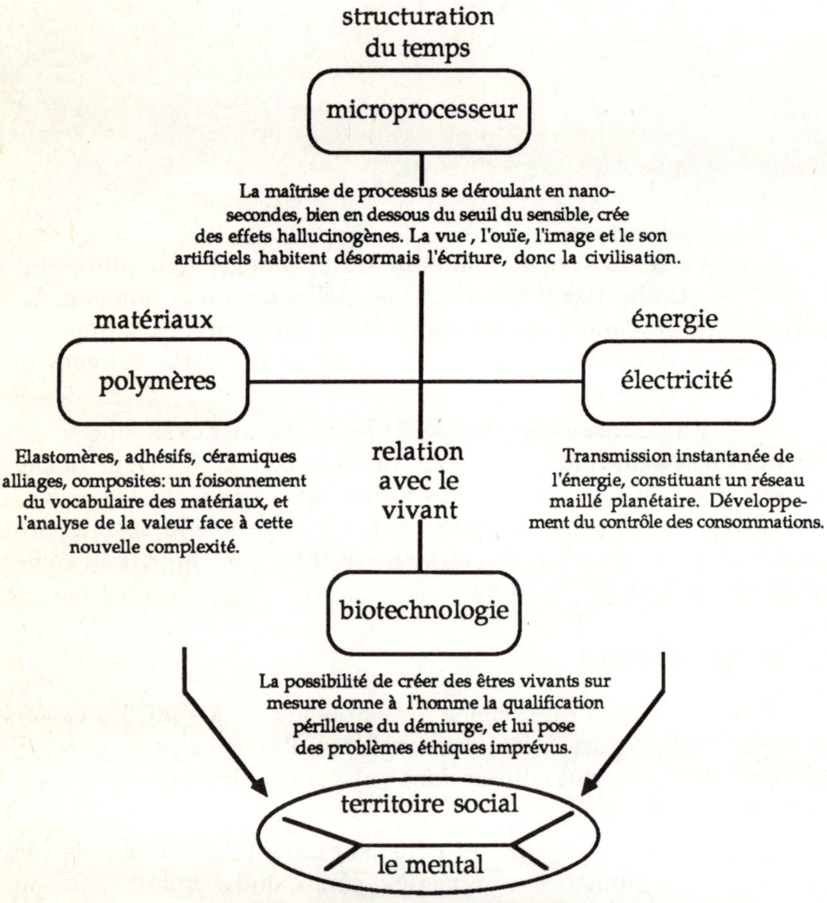

La place à occuper dans l'esprit des hommes devient l'enjeu des compétitions. Les entreprises doivent consacrer des moyens considérables à se faire connaître, et redéfinissent leurs marques et leur identité en fonction de l'imaginaire du public. La bataille pour le contrôle des médias fait rage.

LA SOCIETE DU SIGNE, DANS LAQUELLE L'INFORMATION ET L'ENERGIE SE DEPLACENT A LA VITESSE DE LA LUMIERE, EST EN PERMANENCE A LA RECHERCHE D'UN SENS. RETOUR DE L'ART ET DEMATERIALISATION DE LA TECHNIQUE

On peut presque "créer" la molécule correspondant au cahier des charges idéal, et la rajouter au stock disponible. Jusqu'alors la nature fournissait les matières dites premières, aujourd'hui elles sont conçues et crées par l'homme. La recherche de la quantité, du volume (les tonnes de charbon) est supplantée par celle de la légèreté. L'industrie automobile illustre parfaitement cette mutation : Général Motors en tête annonce qu'après 89 toutes ses carrosseries seront en plastique. En dix ans, les véhicules se seront ainsi allégés du quart. La fonte et l'acier, matériaux jadis quasi exclusifs dans une voiture, représentent déjà moins des deux tiers de son poids total, l'autre tiers étant éclaté en dizaines de matériaux nouveaux, chacun rigoureusement adapté aux spécificités requises. Les processus de production eux mêmes évoluent inexorablement, du montage et de la soudure, au moulage intégré de sous ensembles complets. Les procédés RIM (Remote Injection Moudling) permettent de sortir une calandre complète d'un seul coup et promettent des carrosseries entières moulées en une seule opération. L'objet technique change de nature.

La **biotechnologie** ouvre des perspectives hallucinantes. Les manipulations génétiques peuvent permettre de produire des substances organiques rares et difficilement accessibles par la synthèse chimique. Dans un second temps, on arrivera à produire des plantes, des êtres vivants artificiels correspondant à des "projets" précis, comme pour les matériaux. Cette intrusion dans le mécanisme du code génétique donne à l'homme les pouvoirs d'un démiurge.

La microélectronique et l'optoélectronique, dans leur essence, ne sont pas autre chose qu'une nouvelle structuration du temps. Elles ouvrent le contrôle de processus à la nanoseconde, rythme qui dépasse de loin la sensibilité humaine. Chacun pouvait écouter battre un chronomètre, suivre les mouvements de son balancier, comment saisir une nanoseconde ?

L'électricité est devenue la forme dominante de l'énergie, qu'elle soit d'origine hydraulique, thermique, nucléaire, solaire, éolienne ; qu'elle soit sous forme motrice (courants forts) ou de transmission (courants faibles).

La technique est le véhicule par lequel s'incarnent les plus vieux rêves de l'humanité : l'envol dont parlaient déjà les sorciers qui, après avoir été aérien, devient orbital ; l'ubiquité et la télépathie, par la télévision et le téléphone ; les apparitions, au moyen du cinéma et des hologrammes ; voilà maintenant la lévitation, avec la supraconductivité.

Chacune des transformations accroît la finesse et la complexité. Le fer était un matériau grossier, d'élaboration macroscopique. L'acier s'observe au niveau du joint de grain. Le polymère se construit au niveau de la molécule, c'est encore un pas vers l'infiniment petit. Après être passé de l'heure à la seconde, nous voilà au milliardième de seconde. L'oeil se déshabitue des lettres et autres signes familiers de l'écriture pour découvrir un nouveau monde signifiant d'image et de sons traités et transmis à cette vitesse hallucinante.

Les télécommunications constituent le nouvel instrument de dissémination des connaissances. Le câblage par fibres optiques transmet sous une forme unique et digitale le texte l'image, ainsi que la voix. La radio, la télévision, le téléphone, la télématique sont les premiers d'une large gamme à venir de vecteurs d'informations.

Le jaillissement des artifices

Immergés dans une complexité croissante, il est difficile d'isoler des faits, des dates repères. 1983 apparaît néanmoins comme une année phare. Cette année là, arrivent simultanément sur le marché :

– l'image artificielle, avec la conception assistée par ordinateur, désormais réalisable sur micro et accessible aux petites entreprises. Elle commence à traiter les matériaux mous, comme les drapés textiles, et plus seulement les pièces mécaniques rigides.

– le son artificiel, téléphone à commutation temporelle et "compact disk", qui traite digitalement et conserve à jamais, contrairement aux messages analogiques qui s'émoussent.

– la vue artificielle, avec la reconnaissance des formes et les micro-caméras CCD, qui donnent aux robots la faculté de distinguer les objets.

– l'ouïe artificielle, grâce aux puces de reconnaissance de la parole.

De nouveaux langages naissent, les "langages d'images" qui peuvent bouleverser notre façon d'appréhender la connaissance. On est encore loin d'avoir recensé tous leurs domaines d'utilisation. Dès aujourd'hui, la consultation de banques de données, la conception et l'enseignement assisté par ordinateur, le contrôle des processus industriels, la bureautique, la programmation, le pilotage d'engins fonctionnent.

Depuis des millénaires, le langage parlé puis écrit, joue un rôle essentiel dans la connaissance, comme moyen de transmission du savoir. Les nouveaux langages d'images et de son pourraient bien constituer le facteur essentiel de la révolution informatique. La vision n'est-elle pas celui de nos sens que nous prévilégions et la référence à l'image n'est-elle pas quasi systématique dans tout processus cognitif ? Ce qui fait dire "une image vaut mille mots". C'est à des millions de "mots nouveaux" que nous allons être ainsi confrontés, pour décrire une nouvelle réalité créée par l'homme.

Les industries hallucinogènes

On fabrique désormais industriellement des matériaux, des êtres vivants, des sons, des images qui ne sont plus des "reproductions" de la nature, étant créés artificiellement et délibérément. Les vitesses de traitement n'ont plus de représentation possible dans notre univers mental. Certains produits de synthèse peuvent avoir des effets sur notre psychisme identiques à ceux des drogues car ils attaquent en profondeur les systèmes neuronaux : pulsation des sons, vibration des ondes, envoutement assuré par les séquences d'impulsions au milliardième de seconde.

Un "empire des signes" [1] se déploie sur l'ensemble de la planète. Alors que la langue usuelle littéraire, avec toute sa richesse d'expression, comprend soixante mille mots, le seul vocabulaire de la technique utilise six millions de mots, cent fois plus. Comment comprendre, se repérer dans ce tourbillon de signes en expansion ? On passe d'une société où l'information était un bien rare, à un système de surinformation. La demande essentielle n'est plus la demande d'information, mais de sens, de grilles de lecture.

La théorie de l'information de Shannon reposait sur l'idée qu'on fait passer de l'information entre un emetteur (l'offre) et un récepteur (la demande). Bien que n'étant pas "faux", ce schéma a perdu sa pertinence. Ce qui compte maintenant, c'est de discerner le sens dans le bruit, de trouver des repères, des balises. D'où l'importance accrue des normes, des schémas directeurs, réducteurs d'incertitudes.

Dans une société surinformée, l'esprit du public, le mental comme disent les hindous, devient un enjeu de conquête pour les opérateurs économiques. Des moyens financiers immenses s'investissent dans les médias, les spots publicitaires, la communication en général.

Il se constitue, autour de la planète, une véritable industrie hallucinogène, avec ses infrastructures, le cable, les satellites, le minitel, ses flux et son système de financement.

La technostructure

Malgré la difficulté d'analyser les mécanismes au moment où ils sont à l'oeuvre, on peut essayer d'établir des comparaisons avec ceux qui ont animé les scénarios des mutations précédentes.

Après les féodaux du moyen âge et la noblesse de la fin du XVIIIe, la classe au pouvoir atteinte d'irréalité c'est aujourd'hui la technostructure, pour reprendre l'expression de Galbraith. Elle tient l'Etat et les entreprises, s'appuie sur des processus de réquisition, conformes à la

1. Roland Barthes, sur le Japon, l'Empire des signes, Skira, Paris, 1970.

logique du panoptique, et exige que l'information respecte la hiérarchie. Or, le pouvoir de cette caste se lézarde. Il est entamé par les nouveaux moyens de communication qui la court-circuitent, par des comportements nouveaux qui l'ignorent. Appartenir à une institution n'est plus un rêve unanimement partagé. Avoir sous sa responsabilité le plus d'hommes possibles n'apparaît plus automatiquement comme un signe d'importance. En revanche, se réaliser à titre individuel, être autonome, augmenter ses connaissances, sont des valeurs qui gagnent du terrain.

Au gré des princes au pouvoir, on voit "sauter" périodiquement quelques têtes aux sommets des grandes entreprises. Ces phénomènes de "cratérisation" symptomatiques sont cependant moins importants que la multiplication des réseaux où se jouent les véritables enjeux. Les nouveaux entrepreneurs les animent avec un instrument fondamental : le téléphone. Alors que le système taylorien requiert la visibilité, ces réseaux se font de plus en plus discrets et insaisissables. Le travail noir en Italie, le syndicat Solidarité en Pologne en sont des exemples. La technostructure se mine à la fois de l'intérieur et de l'extérieur. Pour se maintenir, elle met en place ses systèmes d'inquisition, contrôleurs de gestion et autres, mais le déclin est amorcé.

Le territoire social, dans la mouvance de ces transformations, est en train de changer de nature. Il se dématérialise. Après la terre et le capital, déjà plus fongible, le territoire social, c'est désormais l'intelligence qu'on inscrit dans la matière, qu'on développe chez l'homme. Et, comme au cours des mutations précédentes, les statuts de la connaissance, de la philosophie, de la religion sont remis en cause. On assiste au recul du scientisme, à la reconnaissance des sujets créateurs, et dans le même temps on voit réapparaître les mythes qui, depuis la nuit des temps, habitent l'humanité. Le cinéma propose des reécritures de textes sacrés où l'espace prend la place de l'au-delà. L'Eglise ne s'est-elle pas émue du sens caché de E.T, l'extraterrestre ? "Rencontres du troisième type" reprend des images archaïques : la montagne sacrée, le vaisseau en forme de mandala, d'où sortent les êtres de lumière. "La guerre des étoiles" est une suite de combats initiatiques, comme le Ramayana ; "Dark crystal" montre la fusion du bien et du mal, d'où résultent des êtres parfaits qui montent au ciel, laissant l'homme seul abandonné sur la terre. Des milliards de dollars sont engagés dans la réactivation des mythes. Les structures mentales, autrefois entraînées à grand peine aux disciplines analytiques, sont de plus en plus imprégnées des formes (Gestalt) proposées par ces spectacles.

CHAPITRE 4

Le scénario des déstabilisations

Dans le dernier millénaire, l'Occident a traversé deux métamorphoses, deux périodes de "turbulence" où technique, société, idées, se sont simultanément transformées. Ces périodes encadrent les phases d'équilibre d'un système devenu dominant, dont l'émergence et la destabilisation obéissent à un processus récurrent et donc prévisible dans ses grandes lignes.

Ce processus est celui d'une prise de conscience. La technique, en effet, moyen par lequel l'homme exerce son pouvoir sur la nature, est l'expression de la conscience et de l'inconscient. Lorsque nous observons que les matériaux, le système énergétique, la structuration du temps, et la relation avec le vivant évoluent, cela signifie bien plus que la simple résolution de problèmes techniques. Il s'agit des rapports conceptuels fondamentaux que l'homme entretient avec quatre grandes catégories symboliques : la matière, l'énergie, le temps et la vie. Changer l'échelle des temps ne se réduit pas à l'invention d'horloges, car celle-ci prend sa source dans un mouvement beaucoup plus essentiel, à partir de quoi les acteurs se sentent autorisés et motivés pour inventer des instruments de mesure du temps. C'est le signe que quelque chose a bougé dans cette zone de l'infra-conscient où se structurent les intentions [1]. Il en est de même quand se transmutent les relations à la matière et au feu, ancien domaine des alchimistes ou encore au vivant, coeur du sacré, lieu où l'essence de toute chose est tapie.

Le terme de révolution (révolution agraire, révolution industrielle, révolution des signes) convient pour décrire ce dont nous parlons, à

1. A méditer, ce fragment d'Héraclite : "Un, l'art, savoir qu'une intention, quelle qu'elle soit, gouverne toute chose à travers toute chose."

condition de se référer à son sens originel. Lorsqu'une planète fait le tour du soleil, on dit qu'elle a effectué une révolution. Alors, au moment où elle repasse à sa position initiale, les temps sont révolus, et le parcours de sa trajectoire va pouvoir recommencer. Une révolution c'est donc un retour, un retournement, et un recommencement. Il s'agit d'un cycle, celui des métamorphoses. Chacune présente sa spécificité, son caractère propre. Mais on ne peut se défendre de l'impression qu'elles sont sous-tendues par une structure commune, un scénario comme dit Eric Berne [1].

"Révolution" est employé dans le langage politique comme un grand mythe mobilisateur et libérateur. Au vingtième siècle, "faire la Révolution" a été considéré par une foule de militants comme un accomplissement. Mais il ne s'agit là que d'un moment particulier de ce processus, celui où le pouvoir bascule, occasion d'une grande fête où le peuple, un instant unanime, se retrouve en tant que communauté. Alors s'inscrit une page de l'Histoire dans la mémoire des hommes. On en parlera plus tard comme d'une légende. En ce temps-là [2], dira-t-on, en s'y référant comme si les choses s'étaient un instant exprimées dans leur vérité.

Le regard que nous portons sur l'Histoire embrasse, non seulement ces moments historiques, mais l'ensemble du cycle, avec ses périodes de maturation cachée, de déploiement, de structuration, de déclin. Il s'intéresse à la métamorphose dans sa totalité, en tant que phénomène biologique.

Le vivant est le siège de phénomènes cognitifs. A la réflexion, il est même possible de définir le vivant comme le lieu où la connaissance se produit. T.S Kuhn [3] a décrit, à partir de l'histoire des sciences, comment fonctionne l'évolution cognitive par une succession de phases de stabilité et de destabilisations. L'astronomie de Ptolémée, de Copernic, celle de Galilée, la mécanique Newtonienne, puis la théorie de la relativité sont des paradigmes successifs, autant de représentations du monde, à tour de rôle destabilisées et reconfigurées en élargissant chaque fois le champ de conscience. L'histoire montre qu'une théorie dominante finit toujours par être contredite par les faits. Alors, dans le milieu scientifique, pendant qu'une majorité s'en tient aux représentations anciennes, il se crée un noyau minoritaire, pôle dialectique qui tente d'établir de nouveaux fondements. Après une période conflictuelle, un nouveau paradigme s'établit et se déploie, jusqu'au moment où, devenu vérité officielle, on lui fait dire plus qu'il ne peut dire. Il se trouve alors à son tour contredit par les faits et le cycle recommence.

1. E. Berne, *Que dites vous après avoir dit bonjour*, Tchou, Paris.
2. Mircéa Eliade, *Le mythe de l'éternel retour*, Gallimard, Paris.
3. T. S. Kuhn, *La structure des révolutions scientifiques*, Gallimard, Paris.

Au terme de ce cycle cognitif plus rien n'est tout à fait comme avant. C'est en fait une spirale, car il s'accompagne chaque fois d'un élargissement. Ce phénomène est connu, pour ce qui concerne l'histoire de la pensée. Mais, comme les actions humaines sont de la pensée incarnée, elles obéissent aussi aux mêmes lois. Les grandes mutations que nous venons d'étudier, destabilisations du couple technique/ pouvoir, fonctionnent comme des processus de prise de conscience. Car ce sont des mouvements de la conscience.

A chaque époque, le système technico-social est imprégné de paradigmes fondamentaux. Ceux-ci structurent les relations que les hommes entretiennent entre eux , avec la technique, avec la nature. Ces paradigmes sont soumis à l'épreuve des faits: les confrontations, les conflits, la concurrence sont autant de rappels au principe de réalité. Lorsque l'écart entre les représentations et l'expérience devient manifeste, un pôle dialectique apparaît, d'abord minoritaire, qui fonde de nouvelles pratiques sur de nouveaux paradigmes, puisse développe, et lutte jusqu'au basculement.

Dans l'état d'équilibre, la classe dirigeante s'appuie sur une boucle autojustificatrice. Elle protège les activités nourricières contre les destructions qu'elle pourrait elle-même lui faire subir. En même temps, elle incarne, par son style de vie, ce qui, à chaque époque, paraît à la fois enviable et redoutable, la force et le charme.

Cette classe prédatrice s'autorégule par ses conflits internes. Dans les périodes de paix, de stabilité, il arrive qu'elle se multiplie et devienne dangereuse. C'est ce qui c'est passé autour de l'an mil, où les chevaliers dévastaient les cultures et pillaient les monastères, et au début du règne de Louis XIV avec la fronde dont les intrigues désorganisaient le royaume. Dans les deux cas, ces comportements s'enracinaient dans des paradigmes : la violence physique comme manifestation d'autorité, de supériorité, de vitalité au temps des féodaux. Les chevaliers, inspirés par la chanson de Roland et toute une littérature héroïque rêvaient de coups d'épées à fendre les rochers et de combats surréels où le sang giclait en fontaines. A l'époque de la fronde, c'était la notion de pouvoir au sens de Machiavel. La noblesse, à coup de duels, d'assassinats, d'empoisonnements, s'épuisait en intrigues dignes des Borgia.

Lorsque l'Eglise envoie les chevaliers aux croisades, lorsque Louis XIV attire, fascine et dompte la noblesse, c'est chaque fois une réponse logique à une situation objective qui ne pouvait plus durer. Cette réponse est aussi une projection dans l'irréalité, la création d'une chimère. Dans un premier temps, elle focalise les énergies. Après quoi, la classe dirigeante s'affaiblit. Les difficultés financières des monastères après 1100 et le transfert de propriété des domaines au XVIIIe siècle le manifestent. En fait, la gestion des affaires ayant été confiée, en l'absence des seigneurs, à des intendants, ceux-ci, suivant leurs intérêts propres, détournent des ressources à leur profit. La séparation entre le pouvoir nominal et le pouvoir réel se creuse. C'est alors que, dans la classe dirigeante, apparaît un pôle dialectique qui dit en substance: pourquoi ces privilèges, si nous ne servons à rien ? et s'interroge sur les fondements. Ce sont les cisterciens dans le système monastique et les encyclopédistes promoteurs des idées révolutionnaires dans la noblesse et le clergé du siècle des lumières.

Chaque fois, ils mettent en place d'autres paradigmes, en se resourçant dans la technique, et installent de nouvelles pratiques plus efficaces. Le recours à la technique est inhabituel car la classe dirigeante, pendant les périodes stables, s'occupe des apparences et des finalités, non des moyens. Il a pour effet de rendre visibles les savoirs et de déstructurer l'ordre corporatiste, permettant à de nouveaux venus (les entre-preneurs) de s'engager dans les brèches.

Il en résulte un déploiement de créativité (les XIIe et XIXe siècles), un développement économique, une croissance de la population, qui se multiplie jusqu'à saturer les subsistances. A l'occasion de ce déploiement, les nouveaux paradigmes se répandent, conquérants. La mentalité du treizième siècle est radicalement différente de celle des carolingiens. Elle accorde une place à la littérature, s'occupe d'établir des règles générales, de faire fonctionner le raisonnement. La querelle des universaux, la scolastique, le thomisme, l'amour courtois, l'affinement du droit féodal et des comportements chevaleresques sont autant de manifestations d'une ouverture dont les répercussions sont encore sensibles aujourd'hui. Il ne s'agissait rien moins en effet que d'introduire la logique dans le social, de réguler les rapports de force par des rapports discursifs. C'est donc, dans son essence, la transformation d'une violence en langage.

Au XVIIIe siècle, un élargissement s'accomplit à nouveau, dont la déclaration des droits de l'homme est l'expression centrale. Les règles instituées au Moyen Age laissaient planer une autorité transcendante, dont les représentants cléricaux tenaient encore fermement la plume. La violence, devenue inquisitoriale ou monarchique, restait légitime au nom d'un droit divin. L'affaire des possédées de Loudun, puis le supplice de Damien, écartelé pour avoir tenté d'assassiner le Roi, déclenchent une prise de conscience. L'horreur apparaît soudain : pourquoi Dieu serait-il à ce point assoiffé de sang ? Alors, peu à peu, s'élaborent les règles protégeant l'homme. L'Etat de droit se substitue à l'Etat de droit divin. Le domaine de la violence recule, au profit de celui du langage. L'industrie s'établit, au départ sur un principe d'efficacité, qui sera mis au service, comme le constate Marx, d'un principe de domination.

L'état d'équilibre

Ces constats du passé permettent de reconnaître dans les événements de notre temps les signes d'une mutation majeure et de discerner les composantes du système qui émerge sous nos yeux. A un moment donné, l'organisation sociale, les techniques mises en oeuvre, les paradigmes partagés sont à des degrés divers cohérents : c'est l'état d'équilibre. Bertrand Gille écrit dans son histoire des techniques "A un moment donné, les techniques mises en oeuvre dans une société sont à des degrés divers, cohérentes". Cet équilibre peut durer plusieurs siècles : les Aztèques sont restés ainsi avec un système technique stable. Les Chinois aussi, bien qu'ils eussent inventé la pâte à papier et la poudre à canon qui auraient pu les déstabiliser, si l'invention suffisait à déclencher les mutations. En cet état stable, une harmonie s'établit entre les techniques et le savoir-faire collectif de la force de travail, entre les corps de savoir et les connaissances des opérateurs. La légitimité de la classe dirigeante est assurée par l'équilibre paradoxal qu'elle maintient entre l'exploitation et la protection des dominés à qui elle assure à la fois subsistance et sécurité, à la limite de ses propres violences (féodaux, puis capitaines d'industrie, puis technostructure, comme dit Galbraith).

L' institutionnalisation de la technique

Pour préserver leurs avantages, leurs détenteurs les institutionnalisent : après la terre, le domaine féodal, ce sera le capital. La technique n'échappe pas à ce type d'appropriation. Les corporations qui existent depuis l'antiquité s'y emploient au long des siècles, de façon polymorphe, mais constante. Le livre des métiers au XIIIe siècle, énonçant le détail des réglementations des différents métiers, ce que peut et ne peut pas faire un charpentier, un menuisier, ou un tisserand, montre bien comment un milieu s'approprie la transmission du savoir et restreint les accès pour maintenir sa niche écologique particulière à l'intérieur de l'écosystème global.

A l'époque industrielle, le savoir appartient aux ingénieurs qui décomposent le travail complexe de l'artisan en un ensemble d'opérations élémentaires, l'exproprie de son pouvoir sur la technique jusqu'à ce qu'il puisse être remplacé par un O.S. qui n'a presque plus besoin de comprendre ce qu'il fait..

Les institutions ont beau avoir pour finalité de pérénniser les situations acquises, elles subissent les lois du vivant. Elles essaient de survivre mais, sauf si elles savent s'auto-régénérer, elles sont condamnées à terme, vouées à disparaître pour être remplacées par d'autres. En temps normal, leur obsolescence est accélérée par les grignotages, les agressions, les concurrences auxquelles elles sont soumises.

Une des tensions majeures de notre époque vient de la difficulté à accepter que les institutions, de l'entreprise à l'Etat-nation, sont mortelles. Le principe même de leur immortalité, institué par l'Eglise au moyen de la Sainte Inquisition, n'est plus adapté au monde contemporain. Les japonais détruisent et reconstruisent leurs temples tous les cinquante ans, pour mieux montrer qu'ils sont toujours capable de les re-créer. Dans un univers de signes, où la recherche du sens prime l'accumulation, revivre les élans fondateurs devient plus précieux que de préserver les constructions dépassées. Du fait de la persistance des comportements anciens, l'énergie dépensée à préserver l'existant, "sauver" des entreprises même moribondes, "défendre la langue"même inadéquate, maintenir des institutions publiques même inefficaces, reste très supérieure à celle consacrée à la création. Or la création, qui est une destruction créatrice, est en opposition dialectique avec la préservation de l'existant. L'émergence de la modernité apparaît dans cette tension entre le refus de mourir de l'institué et la volonté de se réaliser de l'instituant.

Le scénario des déstabilisations

Les représentations, les paradigmes fondamentaux qui sous tendent l'ordre social évoluent de manière discontinue, par paliers. La classe dirigeante pousse naturellement jusqu'au bout la logique de son action. Alors, cette logique s'inverse, et se retrouve soudain frappée d'irréalité. Elle évolue dans un monde de fantasmes archaïques, dépassé par le réel. Elle se laisse mobiliser par des chimères, telles que la reconquête des lieux saints ou les fastes de la cour.

La société est en permanence agitée par des mouvements de fond plus ou moins visibles selon l'emprise de la classe dirigeante, de l'ordre dominant. Ce sont les luttes pour accéder à une parcelle de pouvoir. Dès que le couvercle est soulevé, dès que la vigilance des dominants se relâche, le désordre créateur surgit à l'air libre, les individus, les innovateurs montrent le nez. C'en est fait de l'ordre conservateur.

Les croisades étaient un accomplissement de l'esprit chevaleresque, poussant sa logique jusqu'à son terme. La cour du Roi Soleil un accomplissement du concept formel de pouvoir qui imprégnait l'époque, jusque dans les détails du quotidien. Les croisés partis, ou les nobles stérilisés à Versailles, la fraude fiscale s'instaure. Elle est le signe d'une double nécessité :

– Le pouvoir constitué finit par se lézarder, et ce d'autant plus facilement qu'il est absent ou distrait. Les fissures proviennent d'innovateurs, d'entrepreneurs.

– Le groupe qui détient le pouvoir délègue la gestion à des intendants. C'était déjà le cas dans l'Egypte ancienne.

Or, l'objectif d'un gestionnaire est d'incarner un nouveau principe d'efficacité, un principe de réalité, dont la preuve concrète est apportée par le développement de sa fortune, ce qu'il estime légitimé par ses capacités. Quand il l'a établie, il devient le financier, souvent l'usurier, de ses maîtres, qui seront bientôt ses anciens maîtres. Le détournement des biens, le développement de courants d'échanges d'abord souterrains, donnent naissance à de nouveaux circuits financiers et relationnels, à de nouveaux acteurs économiques : Les intendants, les marchands, les commerçants, les petits bourgeois, tous des "entrepreneurs", tissent de nouveaux réseaux économiques et grignotent la richesse et le pouvoir. Celui-ci perd son utilité et par suite sa légitimité. Les nouveaux meneurs sont ceux qui investissent et enfourchent à temps le cheval de l'innovation : cisterciens, commerçants et banquiers de la Renaissance, intendants, encyclopédistes, Saint Simoniens, bourgeois, ingénieurs et technocrates de l'ère industrielle. Ce sont des dissidents de l'ancienne classe dirigeante, nouveaux pionniers, aux avant-postes, parfois en service commandé par leur milieu d'origine.

La technique s'est naturellement imposée comme instrument de conquête ou de consolidation du pouvoir, de maniement complexe mais combien efficace. Depuis l'arme blanche des premiers siècles jusqu'aux satellites, sa portée ne cesse de s'accroître. Maintenant, dans une société de consommation de masse, et de production de masse, celle-ci n'est-elle pas d'entrée de jeu mondiale ?

La spirale technologique couvre un terrain de plus en plus large et donc un champ de dominance de plus en plus étendu grâce aux progrès des moyens de communication. L'offre technologique et les opportunités pour les novateurs sont diffusés de plus en plus vite : après la copie des manuscrits, l'imprimerie puis le téléphone, démarre le foisonnement des réseaux d'information digitalisée. Mais les enchainements de chaque cycle obéissent à une récurrence semblable : innovation, diffusion, développement des richesses produites, vers l'euphorie et les bonds démographiques (l'époque cistercienne, l'explosion industrielle, les 30 glorieuses) ; puis dérèglements, déraillements, épuisement, pénuries, crises ; le rapport richesses/population (ou emploi/population) s'infléchit, l'inquiétude renaît, l'incertitude s'installe, les dissidents surgissent.

Alors que se renforcent les pôles dialectiques, les majorités conservatrices se défendent, se raidissent, confisquent les biens et les moyens, surveillent, punissent. Mais c'est le dernier sursaut avant le déclin inéluctable ; tandis que les nouveaux territoires, les nouveaux codes, les nouveaux acteurs se dévoilent et que s'annonce une nouvelle histoire dont le sens et le principe d'ordre peuvent être prévus.

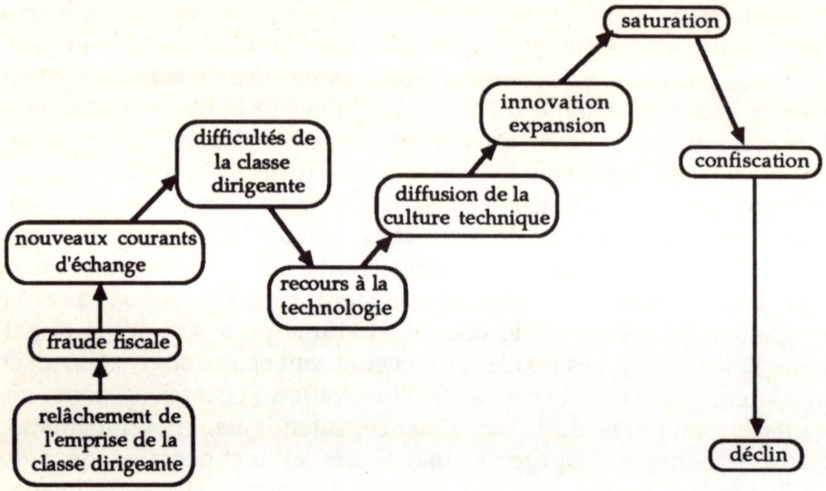

Et maintenant ?

On nous reprochera peut-être une vision linéaire de l'Histoire, réintroduisant le déterminisme, dont les marxistes ont tant abusé. La lecture que nous faisons ici ne prétend pas tout expliquer, ni définir un mouvement général de l'Histoire prise dans son ensemble. Nous disons seulement qu'à certaines époques, dans certaines circonstances, se produisent des scénarios qu'il est utile de savoir reconnaître. Le domaine de validité de ce genre d'"explication" est à l'évidence délimité par les constats des historiens.

Nous sommes au coeur de ce schéma, dans une période de mutation, en pleine transfiguration de nos modes de faire et de penser, à la jonction de deux mondes dont la juxtaposition brouille les cartes: finissant, le système matérialiste de l'exploitation de la nature, de la production /reproduction, et émergeant, le système de la création, de l'interaction, de la surinformation, de l'intelligence.

Tout commence, d'après ce schéma, par un affaiblissement de la classe dirigeante. Le départ des chevaliers aux croisades, la domestication de la noblesse par Louis XIV, cause de ces affaiblissements, sont explicables. Dans les deux cas, face à une classe dirigeante surnuméraire, ayant conservé son aggressivité et, de ce fait devenue dangereuse, les intrigues et les combats internes n'arrivant pas à épuiser son excès de vitalité, il s'est trouvé une autorité pour prendre la décision logique qu'imposaient ces circonstances : exporter le danger (croisades), ou les convertir en jeu de cour (Louis XIV).

On rejoint ici l'analyse contemporaine de Lecerf et Parker[1] qui, examinant une quarantaine de pays à travers le monde, constatent dans de nombreux cas, une classe dirigeante excessive, atteinte d'irréalité, toute occupée de complots pour se maintenir ou conquérir le pouvoir maniant à cet effet toutes les idéologies disponibles, surmontant une économie exsangue parfois à la limite de la survie.

Mais, quelle est, maintenant, l'autorité qui décide subrepticement, avec sa propre complicité, de la mettre hors jeu ? La réponse n'est pas facile, car sa ruse est nécessairement assez subtile pour ne pas être détectée.

Aujourd'hui, l'idée qui permet aux Etats de se survivre face aux menées des technostructures (les multinationales ou les Etats dans l'Etat que sont devenues les grandes compagnies publiques), c'est la dérèglementation sous toutes ses formes, notamment financière. Supprimer les droits de douane et les entraves techniques. Réintroduire la concurrence dans les transports, les télécom, la banque et les assurances..., c'est jouer l'international contre le national pour échapper à l'emprise des féodalités. C'est aussi l'amorce d'une métamorphose beaucoup plus radicale, au terme de laquelle l'Etat-nation se trouve dissous, débordé par la marée montante du monde des entreprises. Mais n'est-ce pas, transposé au monde contemporain, rouvrir la boite de Pandore, comme l'avait fait la suppression des corporations à la fin du siècle des lumières et le relâchement de la surveillance des féodaux au XIIe ?

Que la dérèglementation mondiale ait été initiée et même pilotée par les Etats-Unis sous la présidence successive d'un démocrate et d'un républicain, montre combien elle relève d'une logique du pouvoir d'Etat qui, incapable de reconnaître sa faillite face aux difficultés planétaires, renforce la compétition du monde des entreprises, provoquant leur affaiblissement d'abord, leur renforcement ensuite. A jouer "que le meilleur gagne" on finit en effet par avoir en face de soi le meilleur, surentraîné, prêt au combat. Et s'il est tout d'abord possible de dresser les gêneurs les uns contre les autres, ce n'est qu'une manière de gagner du temps, de reculer pour mieux sauter.

Dans le cas présent, c'est aussi laisser un espace ouvert aux systèmes plus structurés, moins indécis et ne s'embarrassant pas d'idéologie ; symbolisé par le Japon que Roland Barthes qualifiait déjà d'Empire des signes.

Dans un second temps, le champ étant libre pour le déploiement des chimères, on pourrait bien assister au scénario suivant :

Ce qui tient lieu aujourd'hui d'esprit chevaleresque, c'est l'accumulation. Agir pour avoir, et avoir pour agir, tel est le paradigme

1. Y. Lecerf et E. Parker, *Les dictatures d'intelligentzia*, PUF, Paris, 1987.

directeur, la boucle épistémologique autojustificatrice de la classe dirigeante.

La dérèglementation financière libère son énergie. La création de monnaie, de plus en plus incontrôlable, pourrait alors se multiplier jusqu'à atteindre, à l'échelle mondiale, le stade de l'inversion; celui où la surabondance des signes et la bizarrerie des endettements font perdre son sens à la monnaie.

Alors, au milieu d'une crise financière sans précédent, pourront se mettre en place, par des réseaux de complicité, d'autres projets : le développement personnel de l'homme, la recherche d'équilibre avec la nature, la transformation de la planète en jardin.

DEUXIÈME PARTIE

Au-delà de la rupture

Avant d'essayer de comprendre quel pourrait être le nouveau scénario de basculement du pouvoir, reprenons les principaux signes décrivant la métamorphose contemporaine.

Dans l'étude des ruptures, on ne peut plus raisonner par continuité avec le passé récent. Celui qui se trouve en bas d'une falaise doit, pour imaginer ce qui se passe en haut, utiliser des informations même lointaines concernant d'autres plateaux, plutôt que la continuité avec ce qui se passe là où il est. Ainsi nous sommes nous référés aux ruptures antérieures du Moyen Age et de la révolution industrielle, pour mieux comprendre ce qui risque de nous arriver.

Il faut aussi maintenant regarder les signes discrets du futur que le présent laisse poindre à travers sa monotonie quotidienne.

La prospective est à la fois plus et moins que la prévision. Elle ne prétend pas dire à coup sûr ce qui va se produire, pour mieux répondre aux espoirs qu'on plaçait autrefois dans les oracles, mais seulement aider les hommes d'action, par tous les moyens disponibles, à porter le regard au loin en explorant les futurs cohérents possibles, les "futuribles" comme les a nommés Bertrand de Jouvenel. Cohérence veut dire vision globale. On ne peut pas séparer la prospective en domaines indépendants. Il n'y a pas une prospective économique, une prospective sociale, une prospective technologique, mais des visions d'ensemble qui intègrent des aspects économiques, sociaux, ou technologiques.

Les notions de système, d'intéraction, de globalité, ont vivifié la prospective, lui ont permis de transformer les approches du futur, en prenant en compte dans les projections et les scénarios, la coexistence et les relations des éléments multiples qui composent les systèmes économiques et sociaux.

L'introduction du concept de système technique par Bertrand Gille fournit les bases nouvelles d'une prospective enracinée non plus seulement dans l'économie et le social, mais intégrant le mouvement de la technique dans ses intéractions avec la société.

Premier indice de l'efficacité de cet outil, le dévoilement de l'essence même de l'évolution récente du système technique. Il s'agit d'une métamorphose qui est en train de façonner, de structurer une société de création et de transformer notre perception même du réel.

La métamorphose s'avère plus radicale que les précédentes ; comme un aboutissement accompli des deux premières mais aussi comme l'origine d'une ère nouvelle. Les observateurs y reconnaissent la genèse d'une deuxième phase de l'aventure humaine, une révolution anthropologique, celle où l'homme devient l'horizon de l'homme. Pour les uns, il s'agit de la fin de la "culture" et de la montée d'une nouvelle barbarie [1] ; pour les autres, c'est une nouvelle culture qui naît, dominée par le calcul, les automates logiques, la "machine univers" [2] ; pour la plupart, c'est "*intelligens*" succédant à "*sapiens*" [3], sur la voie de l'hyperintelligence [4].

Ces perspectives reposent à la fois sur des analyses ou des engagements philosophiques ou idéologiques. Les médias, les politiques et les experts confirment cette rupture essentielle par la référence aux nouveaux paradigmes de la société de l'informatique, ou de l'intelligence, ou de la création, ou de l'innovation, ou de l'image, ou toute autre dénomination pertinente mais partielle.

Une reflexion globalisante montre que le phénomène déterminant de cette métamorphose est l'émergence d'un nouveau territoire social, après celui de la terre, puis du capital, le territoire du mental. C'est en lui que se situent désormais les nouveaux modes de production et surtout les nouveaux enjeux de pouvoir.

La notion de territoire social évite de céder à la tentation d'une représentation angélique du monde, d'où serait absente toute forme de conflit. Un territoire, c'est en effet, par définition, ce qu'on s'approprie, c'est l'enjeu des affrontements.

Déjà, par rapport au territoire physique des sociétés agraires, le capital est plus abstrait, tout en s'intégrant aussi dans une matérialité : les terrains, les bâtiments, les machines et les stocks.

1. Michel Henry, *La Barbarie*, Grasset, Paris, 1987.
2. Pierre Lévy, *La Machine Univers*, La découverte, Paris, 1987.
3. Y. Masuda, Futures, 1985.
4. G. Bugliarello, Futurist, 1984.

Quand nous parlons du "mental" en tant que territoire cela semble à première vue paradoxal : chacun n'est-il pas maître de ce qui se passe dans sa propre tête ? En théorie seulement, car bien peu d'hommes peuvent dire comme cet empereur: "je suis maître de moi comme de l'univers". Les milliards dépensés en publicité, la bataille mondiale pour le contrôle des médias, l'omniprésence du show business qui déteint sur la politique et la gestion des entreprises, autant de signes que le pouvoir est désormais à celui qui sait se tailler une place dans l'esprit du public et la garder.

A cet égard, l'élection de Ronald Reagan à la présidence de la plus grande puissance mondiale est un signe des temps. Non pas à cause de son programme politique, mais parce que c'est le premier professionnel des médias à accéder au pouvoir nominal. Reste à savoir où se trouve le pouvoir réel, celui du scénariste et du metteur en scène. Quand à son homologue soviétique, ses performances médiatiques, également très remarquées, sont totalement intégrées dans sa politique. A ce niveau, dire, c'est faire [1]. Sans doute, le "mental" est un espace abstrait. Il n'est pas pour autant facile d'y imprimer des idées nouvelles, et une trace laissée ne s'efface que lentement. Une vedette peut disparaître de l'écran plusieurs années, elle reste connue du public. Et, lorsqu'il s'agit non plus d'une personne mais de grilles de lecture plus fondamentales, la persistance peut se mesurer en siècles : les religions évoluent plus lentement que les technologies, car elles sont imprimées dans l'espace mental des hommes. La matière, qui est au dehors, est plus manipulable que l'esprit, qui est au dedans.

Le mental ne se réduit pas à la seule intelligence. Il est le lieu où l'être individuel se construit et se développe par ses échanges avec les autres et avec le monde, le terrain nourricier du rêve et du spirituel. En cela, le monde contemporain, où se destabilisent les grilles de lecture, peut donner une impression de vertige, que traduit le discours suivant, puisé dans le journalisme prospectif :

"Que va-t-il advenir des hommes aspirés dans les spirales de l'abstraction, éloignés du réel familier par la vitre épaisse des modèles, des codes, des symboles logiques, coupés de leurs très anciens substrats sensoriels, sensuels, affectifs, magiques ? Ne seront-ils pas amenés à un retour sur eux-mêmes, à un réinvestissement dans leur humanité qui est de dimension plus vaste et plus riche que celle de la seule sphère logico-cognitive ?

"Ecartelés entre l'ex-monde sensible et l'abstraction, le nouveau technocosme, la réalité artefact, le chemin de leur unité nécessaire les conduira-t-il vers la reconnaissance des autres, reconstituant la chair d'un univers machinisé ?

1. Roland Barthes, *Sur Racine*, Seuil, Paris.

"Y seront-ils aidés par la profusion d'informations et d'images fantasmagoriques de réalités artificielles dans laquelle ils sont déjà plongés ? Ou, au contraire, précipiteront-elles leur arrachement du concret sensible, l'éclatement de leurs perceptions et de leurs représentations ? Les nouvelles maladies professionnelles sont des maladies mentales. La schizophrénie menace tout le monde, telle une épée de Damoclès" (Annie Batlle).

Deshumanisation ou humanisation nouvelle ? Peut-être bien les deux à la fois. L'ambiguïté de la technique est totale. Et cependant, le choix semble ouvert. Il exige un regard neuf sur le monde et sur nous-mêmes.

CHAPITRE 1

Les évidences du quotidien

Les voisins des premières abbayes cisterciennes, pas plus que les contemporains de Watt, ne pouvaient imaginer les changements économiques, sociaux et culturels qui s'ébauchaient sous leurs yeux. De même, la mutation de notre temps s'inscrit insidieusement mais impérieusement en chacun de nous sans que nous en prenions une conscience claire, tant sont présents encore à nos esprits les représentations et les modèles de la société industrielle taylorienne qui s'acharne à survivre dans les soubresauts d'une longue et turbulente agonie. C'est en accentuant les caractères d'un système social jusqu'à la caricature que s'établissent les conditions de sa transmutation et de son dépassement. L'industrie japonaise est à la fois hypertaylorienne et post moderne, de même que la noblesse française à la fin du Siècle des lumières était à la fois accrochée à ses privilèges et parcourue de courants révolutionnaires.

Ce ne sont pas les signes qui manquent de l'émergence de l'ère nouvelle : ils nous viennent de tous les horizons, sous tous les angles, dans tous les domaines de notre vie, professionnelle, privée, collective, sensorielle, affective, intellectuelle. Mais sans doute leur multiplicité, leur diversité, leur étrangeté même nous dissimulent la cohérence des signaux protéiformes qu'ils nous adressent.

Un minimum de recul est nécessaire pour percevoir dans ce foisonnement l'unité des mouvements qui déplacent et reforment le territoire social ; la couche chaque jour plus épaisse d'informations, de codes et de signes qui recouvre la nature dématérialisée, nous propose de nouveaux champs fertiles, de nouveaux espaces de navigation, de nouveaux domaines d'investissement, ceux du mental, dans ses dimensions intellectuelles, relationnelles, spirituelles. Chacun de nous participe quotidiennement aujourd'hui, au travail, chez lui, comme producteur, comme consommateur, plus ou moins consciemment à cette lévitation collective dans l'immatériel. C'est en mettant bout à bout certaines de ses manifestations que l'évidence s'en imposera plus clairement.

De l'informationnel à l'intelligence

La reconnaissance de cette "révolution", dans la précédente décennie, a d'abord été prudente. L'intelligence, concept redoutable, a été d'abord contournée, au profit de l'"informationnel", rejeton de l'"informatique". A la rigueur, on valorisait les "idées" : "les idées sont les produits essentiels de la science, de la technologie, de l'ingénierie" (National Science Board) ; l'IIASA , institut international d'analyse de systèmes de Vienne, se définissait comme dynamisme par sa capacité à générer des idées ; P. Drucker assimilait l'innovation à l'idée brillante et Harvard Business Review proposait "des idées pour l'action". Puis industriels, politiques et publicitaires se sont enhardis. "L'intelligence supérieure est la seule source de compétitivité [1] ; "dans l'avenir, la coopération des hommes, des ordinateurs et des systèmes de communication digitale permettra d'accroître l'intelligence des individus, des entreprises, des gouvernements et des sociétés" [2] ; "le Japon est et deviendra chaque jour davantage une société plus intelligente que les autres" [3] : "l'intelligence sera l'un des facteurs nécessaires pour maîtriser l'action " [4]... Quant aux professionnels de la communication, ils sont désormais déchaînés : le moindre aspirateur ou moulin à café est devenu "intelligent".

Ce discours qui fait un tel sort à l'intelligence, au risque d'agacer, ce lancinant triomphalisme technologique, correspond à une réalité certaine. L'industrie électronique, au coeur du processus, hier tout juste naissante, a dépassé celles de l'acier et de l'automobile et deviendra le premier secteur manufacturier des prochaines années. Un de ses effets est l'incorporation croissante de connaissance dans les machines, les processus, les services. Les investissements immatériels ou intellectuels qui visent à introduire de l'"intelligence" dans tous les éléments qui composent le système de production (recherche et développement, formation, logiciels, communication), représentent déjà 40% du capital fixe [5].

Et ce n'est qu'un début, car l'intelligence n'est plus seulement une faculté ou une fonction individuelle, c'est la matière première, une

1. H. Shinto, Président de N.T.T.
2. K. Kobayashi, Président de N.E.C.
3. T. Nakasone, Premier Ministre du Japon.
4. G. Schultz, Secrétaire d'Etat U.S.
5. BIPE (Bureau d'Informations et de Prévisions Economiques).

valeur d'échange, un bien d'investissement, un actif où la propriété industrielle prend silencieusement ses droits.

Que ce soit pour diffuser une mélodie, utiliser une photo, reproduire un design, l'univers du quotidien est tarifé. Ses auteurs perçoivent leurs dîmes sur les images que vous voyez et les noms que vous entendez.

Dans cette nouvelle jungle s'affrontent à armes inégales les individus créateurs et les institutions prédatrices. On peut voir s'y dessiner des manoeuvres et des stratégies. Ainsi lorsque IBM, en 1979, a lancé son "personal computer" c'était à l'époque une stratégie "ouverte" avec une "puce" grand public, et un appel à toutes les bonnes volontés pour rédiger des programmes. En 1987, revirement complet lors du lancement du "PS", bâti autour d'une puce brevetée, territoire intellectuel de l'entreprise, stratégie que ses détracteurs qualifient de ligne maginot technologique. Quoi qu'il en soit, l'architecture des objets de demain et d'aujourd'hui déjà est désignée, stockée, tarifée, diffusée en flux innombrables ou protégée dans des coffres électroniques, même réduits à une puce.

L'homme inscrit de plus en plus finement de l'intelligence dans la matière. Il dessine le microprocesseur avec des traits plus fins que le micron, bricole les molécules de polymères, des plastiques, des élastomères, des adhésifs aux propriétés sur mesure. Et voilà qu'il commence à faire de même avec les molécules génétiques, là où se cache le code des espèces s'arrogeant le droit au design du vivant, que l'on croyait réservé aux dieux. En inscrivant ainsi de l'intelligence dans la matière, il constitue aussi de nouveaux territoires, enjeux d'appropriation. Savoir si les logiciels sont brevetables, comme les inventions, ou relèvent du droit d'auteur mobilise les juristes du monde entier depuis le début des années 80. Car un logiciel à succès peut rapporter des milliards de redevances à celui qui l'a créé. Et selon que l'individu (le programmeur) ou l'entreprise qui l'emploie en est bénéficiaire, le résultat économique et la stimulation à créer sont fort différents...

Les logiciels sont des "oeuvres de l'esprit", au même titre que les chansons, les photos ou les poèmes. Mais voilà que l'appropriation va encore plus loin : une bactérie, considérée comme un produit de l'industrie, est un objet brevetable. Demain les êtres nouveaux issus de manipulations génétiques verront leur reproduction naturelle grèvée d'une redevance.

La majorité d'entre nous

Cette réalité est dès aujourd'hui vécue par plus de 60% des individus au travail dans les pays développés : leur activité essentielle consiste à créer, rechercher, acheter ou dérober, vendre, traiter de l'information, activité que les économistes appellent "tertiaire" faute d'un terme approprié.

La population des micro-ordinateurs envahit les bureaux, les ateliers, les laboratoires, les écoles, les bibliothèques, les boutiques... et les foyers. Les entreprises qui veulent convaincre de leur dynamisme annoncent triomphalement que dans un, deux ou trois ans, l'effectif des micros y égalera celui des salariés. Et l'attaché-case, attribut nécessaire du cadre à l'ancienne, cède la place au "portable". Un nombre croissant d'universités américaines parmi les plus huppées ajoutent à leurs critères de sélection la possession (et la pratique) d'un micro. Les informaticiens muent (ou mutent). Ils deviennent concepteurs. Les adolescents américains créateurs de logiciels deviennent milliardaires.

La plupart des employeurs sont conscients de la mutation fondamentale de notre société, même quand ils se trompent sur la conclusion qu'ils en tirent. Font-ils vraiment confiance, lorsqu'ils recrutent, aux plus jeunes, marquant ainsi leur défiance envers les valeurs et les représentations de l'âge mûr, formé avant le grand tournant informationnel ?

Il n'est, pour s'en convaincre, que de parcourir les annonces ambigües d'offres d'emploi : "jeune spécialiste d'audit... chef comptable expérimenté, de préférence 30 ans... expérience confirmée de 3 à 5 ans... jeune ingénieur nouvelle formation process... informaticien expert en architecture-systèmes, de préférence trentaine...". Des énoncés presque contradictoires : pour satisfaire il faudrait être à la fois jeune et expérimenté, porteur de valeurs traditionnelles et imprégné des nouvelles technologies. Ce n'est pas un problème de niveau de rémunération, c'est un désarroi face aux enjeux de la société informationnelle, au monde nouveau de la conception, de la communication et du contrôle. Il faut reconnaître qu'une proportion importante des plus de quarante ans se refuse à l'effort de curiosité et de lucidité nécessaire à la reprise en main de leur destin préférant rechercher la protection, même temporaire, d'un statut privilégié, donc anesthésiant.

Les traces d'un pouvoir viscéral

En règle générale, les comportements anciens subsistent un certain temps après que les conditions objectives ont changé. Tout se passe comme s'ils étaient inscrits dans des couches plus profondes du psychisme, moins mobiles que celles où se trouvent les connaissances.

Laborit désigne par "cerveau reptilien" ce lieu où se trouveraient les instincts d'appropriation et de défense des territoires. Il montre à quel point, dans la vie quotidienne, les facultés les plus subtiles raffinées et complexes de l'intellect peuvent être mises au service de ce cerveau fruste mais impérieux, qui gouverne viscéralement les comportements.

Sentant confusément que dans l'empire des signes, l'information représente un enjeu décisif et stratégique, le voilà qui transfère sa libido, son désir d'appropriation sur ce nouvel objet, de manière plus ou moins erratique ou décalée.

Pour commencer par les situations quotidiennes, signes dérisoires de son avidité, les micro-ordinateurs, télécopieurs minitels et autres équipements que l'on voit dans les bureaux sont officiellement là pour leur fonctionnalité. En réalité, ils ne sont utilisés qu'au dizième de leurs capacités. Ils sont là pour signifier le pouvoir de celui qui les détient, sa capacité de s'approprier les signes de la modernité. C'est un nouveau fétichisme, et en même temps la survivance du langage archaïque du pouvoir. Accumuler ainsi les signes de la puissance, devenue maintenant puissance de calcul, n'est-ce pas une manoeuvre qui à la fois rassure celui qui la fait et intimide ses interlocuteurs. Ainsi, bien que l'artifice soit facile à démasquer, car l'incompétence se repère vite en face de telles machines, le signe peut néanmoins se maintenir, en tant que manifestation léonine de la puissance. Nous avons pu observer une imprimante laser restée plus de six mois sans même être branchée. Il est vrai qu'elle était affectée à un service budgétaire, lieu du pouvoir léonin par excellence.

Si l'on s'interroge plus profondément sur les ressorts de tels errements, il faut considérer le substrat philosophique dans lequel le concept de pouvoir est enraciné. Selon la conception traditionnelle, ce serait un état, c'est-à-dire une situation statique, dont la nature est d'exprimer quelque chose d'immuable. Après s'être établi au combat, il s'est figé au moyen âge. Il reste héréditaire jusqu'au siècle des lumières, c'est-à-dire immuable, déterminé dès la naissance. Cette légitimité n'est abandonnée qu'à contre coeur, pour lui substituer quelque chose de presque aussi statique : les examens des grandes écoles, qui déterminent à 25 ans le rang auquel on pourra prétendre tout le reste de sa vie. Aux qualités hériditaires a été substituée la recherche des qualités innées, une autre manière d'atténuer les enjeux ultérieurs, cause d'agitation et de conflits.

Or, cette conception statique est précisément incompatible avec le système nouveau puisque l'information n'a d'efficacité que si elle circule ou au moins, est utilisée. Elle est par nature dans le mouvement, en contradiction avec l'immobilité.

Mais les reflexes anciens sont toujours là. Ils font percevoir l'information comme un territoire, la font accumuler, thésauriser, comme autrefois les lingots d'or. C'est une erreur conceptuelle tenace. Le nouveau territoire, c'est le mental, la place qu'on occupe dans l'esprit des hommes. L'information n'est qu'un moyen d'accès au mental, dont l'efficacité repose sur la pertinence plus que sur la répétition et l'accumulation.

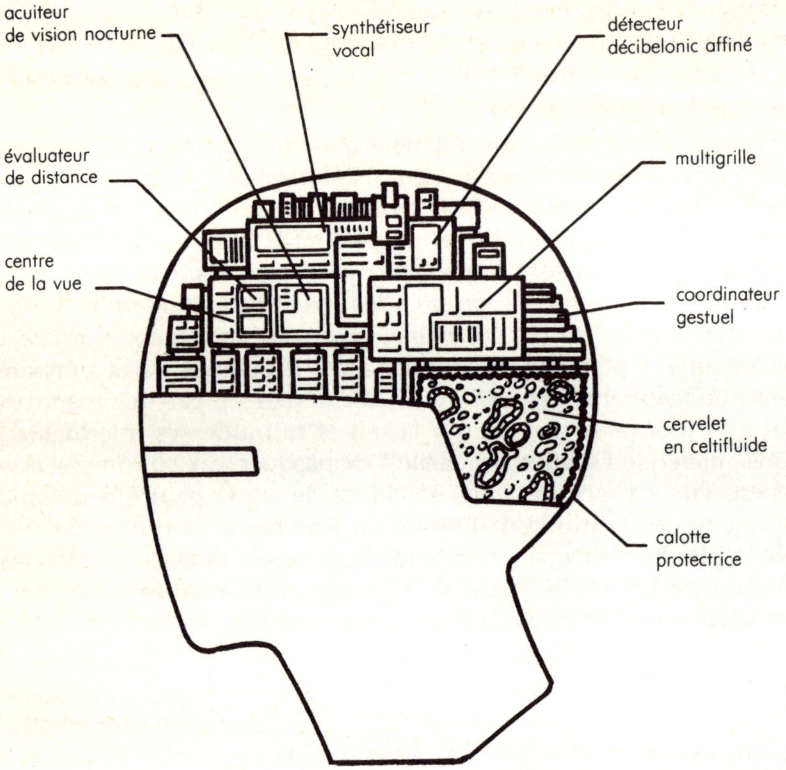

L'androïde GI-AC différait esthétiquement des modèles antérieurs par le volume insolite de sa boîte crânienne. Cette hypertrophie, nécessitée par le nouveau dispositif de pensée active, le fit bientôt surnommer « grosse tête » par les robots de type GI qui l'avaient précédé. (Camus et Pénichoux, Robots éd. La Farandole).

Il n'empêche que l'on constitue des banques et bases de données sur tous les sujets, dont la seule présence rassure, même si elles ne servent qu'une fois de temps en temps. Situation qui devient souvent paradoxale car, plus une telle banque est volumineuse plus on a l''impression qu'elle est complète et, en général, moins elle l'est effectivement. Elle devient de plus en plus lourde à mettre à jour, ses temps d'accès se rallongent et ses risques d'erreurs s'élèvent. Ainsi l'accumulation compulsive d'informations obscurcit au lieu de clarifier. Chacun a à la fois trop et trop peu d'information.

Pour mesurer pleinement l'ampleur de la métamorphose, il faut embrasser du regard les lieux les plus divers de la société du signe. Dans un premier temps, la conception ancienne du pouvoir, héritée de l'absolutisme, permet à ses agents d'accumuler des attributions bien au-delà de ce qu'ils sont effectivement en mesure de traiter. De telle sorte que, dans les lieux qu'elle hante encore, l'importance des personnes se mesure, non pas à ce qu'elles font, mais à ce qu'elles n'ont pas le temps de faire. Il en résulte que, plus il y a de gens importants dans une organisation, plus il y a de choses qui ne se font pas. Ainsi apparaît clairement le ressort profond de la bureaucratie. C'est en effet une "cratie", un pouvoir de forme archaïque s'appliquant aux formalités du traitement d'information tel qu'on en trouve dans les bureaux. En retrait par rapport aux formes modernes d'efficacité: rapidité et précision du traitement, qualité du service, elle campe sur des reflexes anciens, et confond l'exercice fonctionnel du pouvoir avec la manifestation léonine de l'excès de pouvoir, ancrée dans le cerveau reptilien depuis des temps reculés. Le féodal, manifestant sa susceptibilité pour mieux établir sa crédibilité, guerroyait aux frontières, réagissant à la moindre incursion, en laissant au besoin son centre dégarni. Le même comportement épuise aujourd'hui des acteurs en d'interminables conflits d'attribution, alors même que le coeur de leur travail reste en suspens. Ainsi se déclenchent de véritables paralysies, bien plus coûteuses en temps et en énergie que les pannes strictement techniques. On peut donc définir la bureaucratie comme la survivance de reflexes féodaux dans le monde de l'information. Nul n'est à l'abri de tels décalages. Le fait que les comportements évoluent plus lentement que la technique n'épargne personne. Mais qui accepte de porter sur ce phénomène un regard lucide, au besoin indulgent, pour tenter peu à peu de réduire ces écarts, source de souffrance et d'inadaptation ?

Les questions posées par la relation entre le pouvoir et la technologie ne se limitent pas au phénomène bureaucratique. Il faut ici prendre du recul, et considérer d'un oeil critique la vision simpliste selon laquelle, puisque la technique résoud des problèmes et permet de faire des choses qu'on ne faisait pas avant, elle contribue nécessairement à libérer l'homme. Une accumulation de petites libérations locales limitées et grevées de contreparties ne produit pas une libération globale. L'exploitation de l'homme par l'homme ne disparaît pas. Elle change seulement de registre. Au temps de la féodalité, c'était l'exploitation de la faiblesse physique, à l'époque industrielle celle de la faiblesse économique; dans la société post-moderne, ce sera vraisemblablement celle de la faiblesse psychique. Le signe en est donné par l'évolution des activités de la maffia, depuis la guerre reportées sur la drogue. La maffia, forme de pouvoir sauvage, qui croît, tel le chardon, là où le système de maintien de l'ordre lui laisse le champ libre, s'oriente en effet naturellement vers les rapports de force les plus élémentaires et les plus directement payants. En cela, elle constitue une sorte d'indicateur de tendance, à utiliser, bien entendu, avec toutes les précautions nécessaires. Dans le cas présent, à bien considérer les rapports que l'usager entretient avec les objets techniques pris dans leur ensemble, on ne peut s'empêcher de penser que la satisfaction des besoins auxquels ils concourent est à la fois une libération et un asujetissement qui souvent rappelle, atténué, celui qu'engendrent les drogues. L'exploitation de la faiblesse psychique traverse et imprègne à des degrés divers l'économie moderne. Elle se présente sous la forme de tentatives insidieuses et répétées de construire des situations de dépendance en agissant sur le mental des populations, et sur sa physiologie.

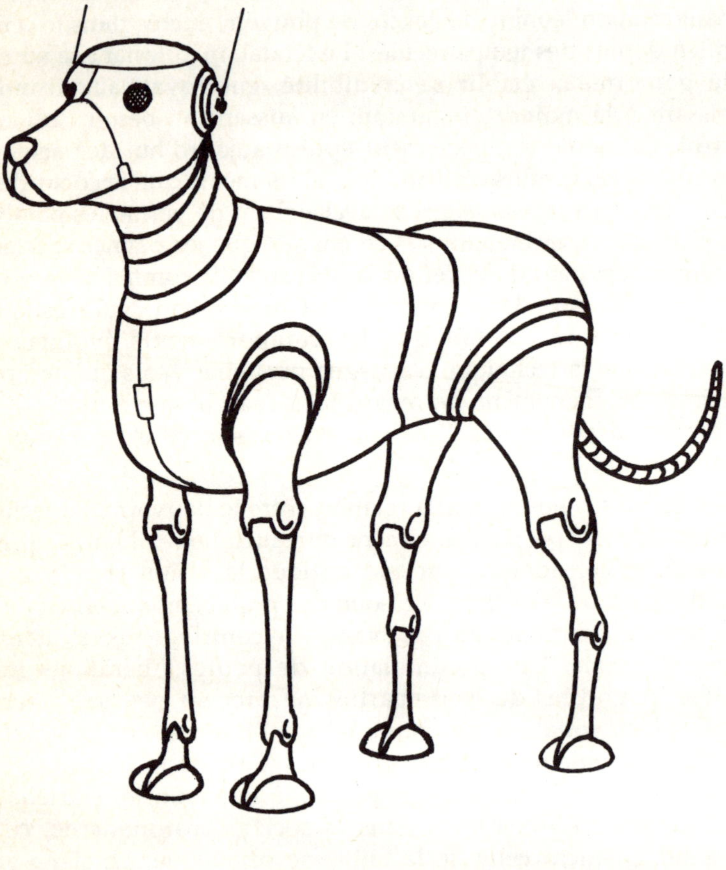

Comme les humains d'antan, Cyborg-EU voulut posséder un animal de compagnie. Les spécialistes en cybernétique lui offrirent un chien, nommé CRAK-1, pour le premier anniversaire de son couronnement. CRAK-1 est un fidèle compagnon et Cyborg-EU passe des journées entières à jouer avec lui. (Camus et Pénichoux, *op. cit.*).

Alors que les grandes organisations s'effritent , alors que les hiérarchies nominales sont contournées, débordées par une marée d'informations, il se constitue cà et là des féodalités limitées, autour de personnages dont la caractéristique principale n'est pas l'intelligence, mais l'habileté et l'énergie avec laquelle ils manient des réseaux d'influence. En dessous des pouvoirs nominaux s'établissent ainsi des pouvoirs réels, dont le fonctionnement procède encore du cerveau reptilien. C'est "main basse sur la ville" ou tout autre avatar de style mafieux, qui détourne à son profit les moyens les plus modernes de traitement d'information et utilise les différents modes d'asujettissement que permet le monde contemporain. Les organisations prédatrices exploitent, comme elles l'ont toujours fait, les faiblesses humaines. Seul le foisonnement de l'univers informationnel limite encore l'extension de leurs emprises épuisant leur tentative de contrôle. Il faut donc s'attendre, dans un premier temps, à ce que l'exploitation de l'homme par l'homme prenne les formes subliminales et souvent destructives, jusqu'à ce que les capacités de résistance à de telles influences se soient reconstituées.

L'intelligence veut être artificielle, elle aussi

Les systèmes techniques qui se sont succédés dans l'aire occidentale ont atteint avec les succès que l'on sait l'objectif majeur qu'ils poursuivaient : éliminer progressivement l'homme en tant que force de travail dans le procès de production. Pousser, tirer, arracher, plier, casser, former, porter sont devenus affaire de machines. Qu'on lise dans cette évolution l'aboutissement d'une volonté d'arracher l'homme à la malédiction, sanction d'un péché originel, du pain gagné à la sueur de son front, ou le triomphe d'une rationalité aspirant à exclure les humains d'un ordre sans bruit, le résultat en a été de toute façon l'établissement du paradigme de la machine. Un nouveau saut s'imposait dès lors, plus radical : transporter l'intelligence humaine dans les machines qui émergeraient ainsi, de façon accélérée, hors de leur propre paléolithique. Le terrain était préparé par les cybernéticiens qui, de Norbert Wiener à Ross Ashby, accréditaient sur le marché des idées la métaphore de l'homme comme système informationnel et computant. Sur ce tremplin s'élançaient hardiment les pères de l'Intelligence Artificielle : Herbert Simon, John Mc Carthy, Marvin Minsky, pendant que l'inventeur de son fameux automate universel, Alan Turing, tentait en Angleterre de construire concrètement le premier cerveau artificiel (Automatic computing engine). En 1987, le nombre de systèmes experts fonctionnant dans l'industrie se compte dejà en centaines[1]. Ce sont des simulations de gestion d'ateliers, ou de

1. Euréquip et l'expansion : Mission OMA aux Etats-Unis.

commande d'installations en continu (raffinerie, chimie, construction électrique .....) ou encore des estimations de risques (évaluation de plans de financement, rédaction de contrats d'assurance). Lorsque vous utilisez une carte American Express, n'importe où dans le monde, le commerçant consulte par téléphone le terminal local qui interroge le système expert central lequel répond si, à son avis, la transaction peut être acceptée. Ainsi, au quotidien, l'intelligence artificielle intervient déjà. Elle le fera de plus en plus, car les prix des matériels et des logiciels [1] a été spectaculairement réduit ces dernières années. Les moyens de fabriquer soi-même un système expert sont maintenant moins chers qu'une automobile.

La dénomination Intelligence Artificielle (assez généralement écrite avec deux majuscules) a fait grincer beaucoup de dents sous les cerveaux professionnels alarmés, mais rien n'y a fait. Non seulement elle poursuit vigoureusement sa carrière, mais elle a ouvert un nouveau champ dynamique de recherches. Pour rendre les machines intelligentes, il fallait leur greffer les acquis de l'intelligence humaine et donc les mieux connaître ou même les connaître tout court. Cette terra incognita est devenue terre promise pour une population enthousiaste et croissante de chercheurs se réclamant des nouvelles sciences cognitives.

Neurosciences, psychologie, linguistique, informatique, sociologie, anthropologie, philosophie se concurrencent ou s'associent pour dévoiler la structure, les mécanismes, les modélisations, les expressions, les modes de communication du cerveau de Sapiens. Perception, langage, résolution de problèmes, mécanismes d'action quadrillent cet effort collectif de mise à nu de celui qui est devenu pour la science contemporaine la machine la plus problématique : l'homme. Un effort encouragé par la nouvelle manne de crédits militaires, condition essentielle d'un développement technologique rapide. Les ingénieurs sont désormais convaincus que l'intelligence ajoutée à leurs systèmes d'armes est plus payante que le perfectionnement d'un blindage. Bien que l'on soit loin d'une connaissance pertinente et efficace du système humain de cognition.

Les investissements croissants consacrés à ces recherches et à ces réalisations développent un nouveau et formidable moteur d'ingérence, si l'on peut dire, dans les affaires humaines. Reste que la route est encore longue, et conduit à découvrir [2] que l'homme ne peut être réduit à une machine computante, même singulièrement performante et heureusement privilégiée par son hypercomplexité ; car il est le siège de richesses bien plus variées, même si elles restent à mettre à jour, et son "être", subjectif et sensible ne pourra jamais se voir reproduit par un artefact.

1. Il s'agit en fait de logiciels à fabriquer des logiciels.
2. Dreyfus, *Intelligence artificielle, mythes et limites*, Flammarion, Paris.

Entreprises intelligentes et entreprises d'intelligence

Dans les entreprises d'aujourd'hui les plus performantes, l'intelligence entre par tous les bouts. Par le haut d'abord : les ouvrages récents sur le management[1] nous avertissent que, de compétence en excellence, les nouveaux dirigeants doivent se consacrer en priorité à mobiliser l'intelligence collective de leur entreprise.

Pour y réussir, ils ne doivent pas hésiter à "modifier radicalement leur comportement mental". Le pouvoir se dissout dans l'animation, l'autorité hiérarchique dans le charisme, la contrainte disciplinaire dans la négociation. Mais par le bas, aussi : l'intelligence doit désormais être répartie et les japonais sont là aussi, enviés par leur communication remontante (le célèbre ringi) dont une observation attentive montre qu'il s'agit moins du geyser puissant évoqué par sa formulation américaine "bottom-up" que d'un complexe système d'échanges verticaux dans les deux sens et transversaux dans tous les sens. Sous le titre "La nouvelle entreprise"[2], Pierre Drouin sous-titre en gras "Remettre les cerveaux en marche". Et de tous côtés les propositions pleuvent : fournisseurs d'automates, de logiciels, de banques de données, de réseaux ; comme si l'intelligence de l'homme ne pouvait déjà plus se passer de ces accessoires qui la prolongent.

Des réseaux câblés internes maillent progressivement l'entreprise pour distribuer les flots croissants d'informations, numérisées ou non, qui règlent le ballet de la production, gèrent les échanges avec l'extérieur, valorisent les échanges internes.

Triomphe du mental enfin, les entreprises découvrent, après les sociétés dites "primitives", qu'elles n'existent que par leur culture. Au-delà de l'intelligence, des savoirs et des techniques, un sacré séculier investit les espaces désertés par le Taylorisme. L'organisation verse dans le symbolique.

Dans un paysage entrepreneurial ainsi modelé, naît une nouvelle espèce d'entreprises : celles qui vendent de l'intelligence, de nouveaux sets d'algorithmes ou de nouveaux outils heuristiques, des paquets d'informations pertinentes sélectionnées, ou des outils pédagogiques assistés par ordinateur, de l'expertise en boîte, des droits d'exploitation de l'intelligence des autres.

Universités, grandes écoles, centres de recherche commercialisent leurs savoirs et leurs découvertes à une clientèle chaque jour plus large, aux promoteurs d'ordinateurs de cinquième génération, ou neuronaux, et, pour des montants plus substantiels, aux maîtres d'ouvrage des nouveaux systèmes d'armes à l'intelligence embarquée.

1. Sérieyx, *L'entreprise du troisième type*, Seuil, Paris.
2. Le Monde du 24.04.1987.

Et après tout, les promoteurs de circuits imprimés vendent-ils autre chose que des comprimés de micro-intelligence ?

L'eldorado des connaissances

La nouvelle migration de notre société vers le territoire mental se manifeste à l'évidence par la profusion de connaissances nouvelles que le système scientifico-technique produit continuement. Ce volume en expansion dépasse si rapidement les connaissances antérieures qu'il les rend caduques dans un processus accéléré de digestion et de rejet. L'Eldorado est aussi un tonneau des Danaïdes et le savoir ne se prête plus à l'épargne. Il ne s'agit pas seulement du savoir théorique car l'ensemble aussi de ses mises en oeuvre, des pratiques et des savoir-faire connaît le même phénomène d'obsolescence précipitée.

Les individus se trouvent ainsi confrontés à un défi inéluctable : celui d'apprendre et de réapprendre sans cesse. Dans la société que nous quittons on pouvait considérer que l'apprentissage et la formation s'achevait avec l'adolescence ou, à la limite, en entrant dans la maturité.

Ce qu'on n'avait pas appris à 15, 18 ou 25 ans, on ne l'apprendrait plus jamais et l'on ferait toute son existence avec ce savoir de départ. Bien sûr, quelques-uns faisaient de leur vie une auto-formation continue, chercheurs, artistes, explorateurs ou moines bouddhistes. Désormais ces exceptions deviennent la règle. L'Homme redevient nomade en esprit.

D'ores et déjà en résulte une inadaptation des systèmes d'enseignement et de formation professionnelle maintes fois constatées, jamais résolues car il ne s'agit plus d'apprendre, mais d'apprendre à apprendre. La tâche de l'enseignement change de niveau. Ce n'est plus de la formation, mot taylorien abominable évoquant le formage, le laminage, l'extrusion des cerveaux, mais de méta-formation capable de rendre l'individu maître de l'actualisation de son propre savoir faire. C'est là aussi une métamorphose touchant la nature profonde de l'enseignement. La philosophie de Piaget, dont il est encore imprégné, traite de l'accumulation des connaissances et du savoir-faire. Elle fait observer, en s'appuyant sur des données expérimentales, qu'à chaque âge correspond des aptitudes d'assimilation particulières. Elle en déduit qu'il ne faut pas forcer le rythme mais au contraire adapter les programmes à l'évolution des enfants. La philosophie prenant maintenant la relève est celle de l'école de Palo Alto. Elle met l'accent sur ce qui est acquis, ni au niveau des connaissances, ni à celui des savoir-faire, mais à un niveau plus profond, celui des scénarios, de ces jeux qui font la trame de la vie quotidienne. Elle observe qu'il y a transmission familiale et scolaire de scénarios de succès, ceux des gens qui, dans la vie, arrivent nécessairement à leurs fins car, face aux obstacles, ils réagissent en se disant : "si je n'y arrive pas comme ça, j'essaierai autrement". Mais il y a aussi, et peut-être surtout, transmission de scénarios d'échec du genre "chaque fois c'est pareil, j'ai fait des efforts mais je n'y arrive pas", qui rivalisent d'ingéniosité, non pas dans la recherche de solutions, mais dans celles d'excuses, de prétextes ou d'alibis. Et ces transmissions, qui font les peuples gagnants ou perdants, s'effectuent dans l'enfance et l'adolescence, et restent ensuite enracinées dans le désir profond qu'a chacun de revivre les situations de sa jeunesse [1].

Notre système de sélection des élites est tout aussi dépassé, la carrière et l'accès au pouvoir sont assurés par un rude mais bref parcours du combattant dans leurs jeunes années, garantie d'une rente de situation à vie. Il va falloir trouver autre chose si nous ne voulons pas voir ces élites se périmer à peine triées et conditionnées.

D'autant que la contrepartie de la sélection de quelques-uns étant la frustration de la plupart des autres, la transmission d'un petit nombre de scénarios de succès se paye par celle d'un grand nombre de scénarios d'échec dont les actes manqués finissent par noyer quelques réussites spectaculaires. On peut, avec un système éducatif, fabriquer un pays entier de Poulidors.

Une conséquence majeure, à plus long terme, concerne la redistribution du temps consacré à l'activité professionnelle. Il se partagera sans doute en parts égales entre le travail de production et l'acquisition de connaissances, non plus dans des séquences discontinues comme elles le sont aujourd'hui, où la formation vient s'inclure dans les parenthèses de l'activité productrice, mais au contraire dans un processus homogène où les nouveaux savoirs viendront nourrir les nouveaux savoir-faire. Cette maturation continue, aussi bien dans les domaines de la recherche que dans ceux de la création, de la production, ou de la distribution sera plus collective qu'individuelle, dans la perspective dynamique d'un véritable partage du savoir permettant la création locale de savoir-faire nouveaux. Les premières manifestations de cette métamorphose des activités de production peut s'observer dès aujourd'hui au travers des nouvelles relations entre équipes d'hommes et systèmes d'automates, renouvelant la problématique périmée des interfaces homme-machine. La présence d'ouvriers bacheliers sur les chaîne de montage et dans la sidérurgie japonaise a troublé les industriels européens, habitués à draguer la main d'oeuvre au prix minimum dans les pays en voie de développement, fut-elle illétrée.

Ce n'était qu'un début. Cette évolution conduit et conduira universellement à une demande croissante d'opérateurs méta-qualifiés, c'est-

1. Yves Winkin, *La nouvelle communication*, Seuil, Paris.
Eric Berne, *Que dites vous après avoir dit bonjour ?*, Tchou, Paris.

à-dire ayant appris à apprendre, à réinventer les cheminements de leur pensée et familiarisés avec l'abstraction. Cette exigence technique et économique devrait susciter un effort de démocratisation du savoir, dans la mesure où l'on constate, entre les différents pays, une corrélation forte entre niveau d'éducation de base et compétitivité. Mais, à l'inverse, on peut redouter, si le moteur de cette mutation est seulement économique, la formation d'une société duale où le fossé se creuse entre une élite qui s'assurera un accès continu à la connaissance, et le reste, exclu dans un illétrisme aggravé par la télématique. Cette virtualité est d'ores et déjà réalité dans certains pays en voie de développement, dont le présent difficile prépare un avenir plus sombre encore.

Les nations engagées dans la compétition de l'intelligence prendront-elles le risque de laisser se constituer ici et là des sociétés qui s'archaïsent radicalement, au risque de voir s'installer de nouveaux fanatismes ? D'autant plus que les médias font des illétrés à l'esprit sans défense une proie facile pour toutes sortes de démagogies.

Un autre risque d'exclusion tient à la rémanence du rêve ancien des ingénieurs: évacuer totalement l'homme des process en le remplaçant par des machines humanisées et des experts-automates. D'ores et déjà la compétition est ouverte entre les systèmes experts et la créativité productrice des équipes d'opérateurs. Mais à la différence du précédent, on peut espérer que ce fantasme mécaniste s'épuisera dans les efforts qu'exige la maîtrise de la complexité des systèmes industriels.

CHAPITRE 2

Sous le clavier, la planète

Les enjeux de l'information

Partage des savoirs ne signifie pas partage de l'information, dans la mesure où les savoirs n'incluent, à côté des modes opératoires cognitifs, que des connaissances divulguées. L'information pertinente au plan des stratégies de développement, qu'elle soit politique, scientifique, technique, économique ou commerciale, c'est l'information contingente et sans cesse émergente qui porte les signes des innovations, des inflexions, des nouveaux possibles. Si elle se confirme comme la matière première, la marchandise privilégiée, l'investissement majeur de l'activité économique, tout sera mis en oeuvre par les acteurs pour qu'elle soit occultée le plus longtemps possible.

Il s'agit là d'un débat essentiel. L'information, moyen d'accès au mental qui, après la terre puis le capital comme nous l'avons vu plus avant, peut devenir enjeu d'appropriation, objet de propriété privée, au lieu d'être un bien collectif librement accessible à l'ensemble des individus et des communautés. Ce débat n'a rien de théorique ; les experts de l'OCDE qui travaillent depuis des années sur la protection de l'information et les défis de la délinquance électronique et informatique se heurtent concrètement à ce dilemne : le patrimoine de l'information sera-t-il privatif ou collectif ?

Si on se réfère au modèle des mutations précédentes, la première hypothèse est la plus probable. Aujourd'hui en tous cas l'information pertinente se paye, d'autant plus cher qu'elle est plus pertinente. L'entreprise française, par tradition consommatrice d'information délivrée gratuitement par les institutions publiques, en fait l'onéreuse expérience. Faute d'être en mesure de financer une véritable veille technologique, elle va de surprise en déconvenue, apprenant quand il est trop tard les progrès de ses concurrents étrangers.

De la musique à la cuisine

S'il est un domaine que l'on ne pouvait concevoir que comme un lieu privilégié de sensibilités s'enchaînant et se répondant, du compositeur à l'interprète et à l'auditeur, c'est bien celui de la musique. Or c'est peut-être aujourd'hui celui qui est le plus spectaculairement investi par l'informatique et l'électronique. Plus des deux tiers des musiques de film, d'accompagnements originaux des spots et séquences télévisées, et des productions pop ou rock, dépendent des ordinateurs et des machines électroniques pour leur composition, leur exécution et leur diffusion. A partir de quelques algorithmes, ou même d'un croquis, ou d'un montage de propositions de "menus" logiciels, le compositeur peut sous-traiter à l'ordinateur le soin de sa création, de son orchestration, même de son exécution à travers un synthétiseur haut-de-gamme, et bien sûr de son enregistrement. S'il garde encore des réflexes traditionnels, ou s'il est allergique aux claviers et autres souris, il peut s'exprimer par l'intermédiaire de l'instrument de son choix : muni d'un micro, l'ordinateur transcrira les sons reçus en partition qu'il imprimera à la première réquisition. De nouveaux systèmes permettent même, au lieu d'afficher les notes correspondantes, de proposer une représentation graphique en trois dimensions et en couleur des vibrations musicales qui génèrent le son.

Le monde des sons lui-même, de la voix humaine à ceux des instruments est simulé selon un mode synthétique. Tous les sons possibles sont accessibles par un jeu d'algorithmes gouvernant une architecture électronique. Clavecin, piano, batterie ou saxophone alto seraient-ils au synthétiseur ce qu'est le silex taillé à la machine à commande numérique ?

Le champ des arts graphiques, de la sculpture, de l'image animée, de l'architecture, du design est aussi investi par la "CAO" (conception assistée par ordinateur), l'infographie, la numérisation et les mathématiques fractales. Attardons-nous un instant à la cuisine, car aucun domaine sur le plan du quotidien domestique n'est plus démonstratif de l'irruption de l'intelligence dans les modes de vie. Il n'y a pas si longtemps, la cuisine était l'occasion de rapports subjectifs et sensoriels à la nourriture. L'oeil, la main, le nez aussi et parfois l'oreille intervenaient ensemble pour le choix des produits, en appréciant le poids, la texture, la consistance, la couleur, l'odeur, la sonorité pour en évaluer la fraîcheur, la qualité, les promesses.

Pour le traitement, c'était la mémoire vivante qui décidait des recettes à choisir, et le feu, encore au coeur du foyer, y jouait un rôle essentiel. Aujourd'hui la matière première s'éloigne : la main et l'oeil en sont séparés, non seulement par une pellicule plastique mais surtout par une pellicule d'informations. La composition analytique plus ou moins codée, pour les fervents de la diététique, les modes d'utilisation, les prescriptions et les algorithmes culinaires font désormais partie intégrante du produit. Mieux, au-delà du prêt-à-cuire est apparu le prêt-à-manger. Dans ce cas, l'information incorporée comporte un algorithme supplémentaire de commande des automates de cuisson, symbolisé par des icônes sur les tableaux de programmation. La famille des fours à rayonnement, à convection, à micro-ondes, à brunir, ornée de ces symboles, n'en finit pas de se diversifier...

Et pour faire un dernier pas sur le chemin du sensible, tout possesseur de minitel sait aujourd'hui que les aventures peuvent quitter les vieux sentiers du sensoriel et du sensuel pour s'investir dans la télécommunication symbolique. En 1986, le quart du trafic téléphonique du minitel était "rose" ; détournement imprévu des ingénieurs, qui avaient bien pensé à l'annuaire, mais pas aux rendez-vous. De telle sorte que, et c'est là une constante de la technique post-moderne, la machine s'interpose entre les corps. Prenant prétexte d'une commodité, elle devient un masque, derrière lequel, comme au théâtre antique, peuvent parfois s'exprimer des choses que l'on n'oserait dire en face.

Cette obscure clarté

A la différence de la pensée orientale qui entretient avec la nature des rapports de reconnaissance, d'intimité et de respect, la pensée occidentale, depuis plus de deux mille ans, tente de s'en détacher pour la dominer, de la décrypter pour l'asservir, de projeter sur elle les constructions de la rationalité comme les bestiaires leurs filets. Les voies parallèles de la raison et de l'arraisonnement [1] de la nature ont conduit nos sociétés d'occident aux succès matériels confirmant leur démarche. Au terme de ce fulgurant parcours (une seconde dans la journée de l'espèce humaine), les résultats acquis ont assuré un statut dominant à la quantité, au calcul, aux logiques, aux mathématiques aux algorithmes, aux formalisations, aux simulations, à l'abstraction en bref. Les développements de l'idéologie mécaniste d'Aristote, prolongés par la cybernétique et l'informatique, s'accélèrent ces dernières décennies, nous séparent de la réalité sensible par une couche croissante de modèles et de représentations symboliques immergés dans un océan de codes et d'informations digitalisées.

A force de requérir l'absolue transparence, l'excès de données engendre l'opacité. Le système scientifico-technique, lui-même imprégné de computation, devient le puissant moteur de cette lévitation

1. Heidegger, *la question de la technique* (1953) in *Essais et conférences*, Gallimard, Paris.

dans l'abstrait. Engendré dans la clarté du Siècle des lumières, son discours surabondant et le foisonnement de ses spécialités le rendent de plus en plus obscur aux scientifiques eux-mêmes.

Informatique, codage et décodage, algorithmes, modèles mathématiques ont permis d'entamer le décryptage de la machinerie cellulaire et des mécanismes de la vie. L'approche informationnelle de la "machine vivante" quitte le monde sensible de la peau, du muscle, des os et des organes, du corps autrement dit, pour atteindre les structures des codes qui régissent la vie au plus intime de ses manifestations. C'est de là que sont nées les biotechnologies, au travers des processus du génie génétique qui déjà silencieusement s'industrialisent dans la santé, l'agriculture, la chimie, même si les agitations médiatiques concernent plus souvent on le comprend, les techniques de procréation artificielle.

La couche d'abstraction qui s'épaissit entre la nature et nous, constitue désormais le sol synthétique, structuré par des logiques, où s'inscrivent nos démarches mentales. Elle a recouvert en l'espace d'une génération la totalité de la planète. Les ordinateurs de Sao Paulo, de Séoul ou de Londres parlent la même langue, opèrent sur les mêmes modes. Les satellites véhiculent à la vitesse de la lumière les torrents d'informations qui se déversent simultanément à Francfort, Osaka ou Los Angelès. Les banques de données de Washington ou de Tokyo ont les mêmes architectures, et des protocoles d'accès concurrents. Les discours officiels, libéraux, communistes ou démocrates, à Pékin, Moscou ou Bonn reproduisent le même hymne à la technologie, vecteur de la survie de la prospérité. Bien sûr, sous cette couche universelle, subsiste la mosaïque des cultures traditionnelles qui l'irisent encore de teintes diverses. Jusqu'à quand ces diffractions singulières se poursuivront-elles au travers de l'épaisseur toujours plus grande d'une technologie intellectuelle qui s'auto-développe ? Déjà les valeurs traditionnelles japonaises, de consensus, d'emploi à vie, de travail, d'immersion dans un tout collectif s'effritent, tandis que les français entreprenants rêvent de Silicon Valley. Les jeunes gens en bras de chemise qui gèrent les valeurs ou les monnaies chez Nomura Securities ou à la Citycorp jouent devant les mêmes écrans (le terminal Reuter) avec le même temps réel, 24 heures sur 24, sur l'ensemble des places financières ouvertes qui se déplace avec le soleil. Les grandes entreprises, et en tête les shoshas Japonaises, jettent sur la planète un filet de transmissions pour prendre en continu le pouls des marchés et de la concurrence. Ces shoshas sont de grandes maisons de commerce (import export). Au nombre de 8. Elles contrôlent plus des 2/3 du commerce extérieur japonais. Mitsui fait un chiffre d'affaires annuel de plus de 65 milliards de $ (CPE étude n° 66). Son réseau de communication, en lignes privatives, fait une longueur équivalente à quinze fois le tour du monde et passe 120 000 coups de téléphone par jour. Il transmet les informations recueillies par cent vingt succursales qui quadrillent la planète. Et si on veut connaître en un coup d'oeil l'activité économique, les tendances des prix, les données sur le chômage ou le commerce extérieur français, le plus simple est de se brancher sur l'ordinateur de Nomura Securities, qui tient à jour 7000 séries statistiques sur l'économie du monde. Penser transnational devient une obligation pour toute entreprise ambitieuse, même moyenne ou petite, intelligence oblige.

Ce recul de l'horizon à la dimension mondiale entraîne, dans le domaine économique, un recul sensible du sentiment d'appartenance à sa collectivité nationale. Le local, à partir duquel se pense et se gère le multinational, déborde de ses frontières historiques. De nouvelles sensibilités régionales naissent qui rapprochent Lyon de Turin ou Toulouse de Barcelone. De nouvelles proximités s'ébauchent et se structurent au niveau de la couche transculturelle qui recouvre les cultures historiques. La face de la planète change en s'uniformisant. Autre manifestation de la métamorphose.

Les voisins électroniques

Cette contraction de l'espace et du temps met à la porte de chacun le voisin qu'il désire, et aussi celui qui l'indispose. Le chemin vicinal est désormais le réseau planétaire. Le botaniste, l'ingénieur, l'actionnaire ou le courtier peuvent, avec un terminal et un modem, partager leurs découvertes, leurs recherches, leurs interrogations avec ceux, où qu'ils soient dans le monde et à toute heure, qui ont les mêmes intérêts ou la même passion. De tels réseaux existent déjà à foison, qui survolent continents et océans ou qui se limitent, pour des raisons culturelles ou de capacité financière, à la commune ou à la région. C'est le cadeau de la dématérialisation et de la lévitation : nos curiosités et nos démarches intellectuelles voyagent à la vitesse de la lumière à la rencontre de pareils, tissant les fils de la nouvelles convivialité électronique. La société de l'intelligence institue ses propres formes de communication.

Le signe fatal

Nous pourrions poursuivre longuement l'énumération des signes évidents de la dématérialisation de notre univers à travers sa reconstruction abstraite, informatisée, codée, paramétrée. Nous terminerons cependant, en rappelant le premier d'entre eux qui appartient déjà à l'histoire de la mutation actuelle. Il a explosé tragiquement sur notre planète à l'aube de cette nouvelle ère. Mais l'horreur a occulté pour nous le sens de cette catastrophe . L'homme venait pourtant de montrer là qu'il avait définitivement franchi le mur de la matière, son horizon familier depuis ses origines, avec ses arêtes, ses courbes, ses reflets, ses couleurs, ses odeurs, ses splendeurs et ses dangers, ses poussières fertiles, ses écorces généreuses, ses ondes désaltérantes et portantes. Pour la première fois, il avait pénétré le coeur de cette matière, percé le secret de ses codes, mesuré les vibrations de ses modes d'être, calculé la course hasardeuse de ses échanges, de leurs équilibres et de leurs ruptures. Mais la tentation qui l'a saisi alors, sa démesure ou sa naïveté, nous ont appris aussi que l'ère était venue d'un retour sur lui-même pour l'homme occidental et que science sans conscience pourrait être la ruine de l'homme. Ainsi apparaissait que du miracle grec, l'homme occidental n'avait poursuivi que le premier projet de rationalité et d'arraisonnement de la nature, laissant en chemin le second, pourtant indissociable, de raison et de sagesse. Qu'il était devenu, comme le dit Descartes "maître et possesseur de la nature" mais qu'il lui restait à devenir maître et possesseur de lui-même.

L'autre entrée dans le mental

Malgré le foisonnement des signes de mutation beaucoup sont empêchés de les percevoir, et a fortiori, de les intégrer : la soudaineté de leurs apparitions, la diversité de leurs manifestations, la pregnance des systèmes de référence qui balisent les cheminements mentaux, en dissimulent le sens.

Le contraste s'accentue avec le fossé des générations. Au moment où, la démographie s'étant ralentie, les pays développés connaissent un "papy boom", les nouvelles technologies, dont les jeunes générations sont plus familières, déclassent les anciens comportements. Le cadre ayant atteint la cinquantaine se trouve largué par la virtuosité micro-informatique de ses jeunes collègues et parfois découvre le minitel avec l'air d'une poule qui a trouvé un couteau. Aux traumatismes des autorités vieillissantes, sombrant tels les capitaines d'autrefois attachés au mat du bateau, répondent, en écho, des appels excessifs en direction des jeunes. A peine sortis des études, ceux-ci se trouvent dans une situation paradoxale, à la fois porteurs de tous les espoirs de la société, et dans le même temps exclus par cette même société qui leur ferme les emplois. Autrefois, il fallait se battre contre un ennemi étranger. Les combats du présent sont tout intérieurs. Les jeunes sont à la fois pionniers d'espaces nouveaux, ouverts par la technique moderne, et expulsés du monde ancien, qui ne peut surmonter ses propres rigidités. Il en résulte une explosion de créativité de talents, de projets, de générosité, tout à fait surprenante. Il faut sans doute leur être reconnaissant, le mouvement de décembre 86 l'a montré, de savoir regarder leurs ainés avec plus d'ironie compatissante que d'acrimonie.

On pourrait imaginer, dans cette situation, que la marée montante de la nouvelle rationalisation de l'immatériel contourne en l'ignorant la foule de ceux qui ne voient ni n'entendent les vagues déferlantes de ce flot. Ils resteraient ainsi au contact de la nature que depuis des millions d'années nous touchons, écoutons, respirons, regardons vivre avec ses rythmes, ses sons, ses senteurs, ses couleurs, dans sa permanence toujours nouvelle. Humains d'hier, ils seraient les derniers hurons d'un monde qui s'estompe dans l'abstraction. En fait, il n'en est rien. S'ils échappent aux bouleversements cognitifs qui agitent les cerveaux gauches, ils sont, par une autre voie, éloignés de la nature et du réel sensible, par le flot d'images qui se déverse du robinet télévisuel.

L'inconfort général de cette période de transition, la difficulté d'être dans un monde qui devient autre et dont on se sent étranger sont réduites par le "massage" médiatique (Mc Luhan). Cette année les français ont passé autant d'heures devant leur télévision que sur leur lieu de travail. Les enquêtes montrent aussi que les élèves des classes de banlieue consacrent à la télévision plus de vingt heures par week end, et il est probable que leurs maîtres en font autant. S'agit-il, à tout le moins, d'une lacune qui ouvrirait le réel aux fatigués ou aux paresseux ? L'information y est-elle sélectionnée pour son caractère pertinent et peut-elle aider à se constituer une image fidèle, une représentation efficace des mouvements du monde, un outil de perception structurée de l'essentiel, un instrument d'interpellation, d'éveil, d'auto-enrichissement ? L'image est-elle représentation dévoilante, voie d'accès privilégié de la réalité ? Ou bien, au contraire, la télévision est elle le lieu de l'insignifiant, des images sans profondeur, du divertissement gratuit et facile, un moniteur de non-regard, un déversoir de fictions colorées que la pratique du "zapping" convertit en séquences hallucinogènes. Ni l'un ni l'autre. L'apparition d'un nouveau langage déconnecte les critères anciens. Rien n'est plus réductible aux valeurs du passé. Le détour par le mental est d'autant plus important qu'il atteint la vie profonde du spectateur, lui offrant sur un écran (qui devient écran entre lui-même et son investissement vital) une existence imaginaire, des désirs, des fantasmes, des frissons, des actions, qui ne lui appartiennent pas mais risquent de devenir son existence surréelle, c'est-à-dire plus réelle que la réalité elle-même. L'irruption en force des nouvelles technologies, portées par les paradigmes de l'informationnel, construit un monde incroyablement plus complexe et fondamentalement différent, ne rique-t-elle pas d'appauvrir insidieusement les relations millénaires avec la nature et avec les autres, ou au contraire sera-t-elle le regain, les cent fleurs d'une poésie synthétique ?

Le mental est requis par les logiques, les rationalités et l'abstraction. Il arrive alors que les aptitudes émotionnelles et relationnelles s'émoussent jusqu'à risquer l'atrophie. Au niveau du sens commun, c'est, en contrepoint, l'irrationalité qui semble menacer le monde : pourquoi le progrès technique, au lieu de fonder un développement accéléré des richesses, conduit-il concrètement à l'exclusion de la vie active une population croissante de jeunes ? Pourquoi la planète devenue village peut-elle continuer à se déchirer partout en conflits sectaires? Comment la profusion des nouveaux modes de communication peut-elle s'accompagner d'un sentiment envahissant de solitude ? ...

Il n'en faut pas plus pour que la tentation s'impose de se retrancher d'une réalité aussi incohérente où le malaise mental prépare le terrain de la maladie mentale.

A la recherche du sens perdu

Pour former et maintenir son identité, l'homogénéité et la constance de son moi, l'homme a besoin que le monde qui lui renvoie son être ait un sens ; faute de quoi il est empêché d'intégrer, dans une stratégie cohérente de son existence, les exigences de son moi et celles de son environnement. Si la signification du monde change, sans lui devenir évidente et rassurante ou stimulante, il perd ses marques et vacille, il se démet et s'émiette.

Le risque n'est pas négligeable aujourd'hui, sous l'avalanche des signes et des informations disparates et contradictoires, de voir beaucoup d'entre nous, agressés sans recours, se désagréger sous les coups de frustrations et des contraintes trop nouvelles. La perception difficile des finalités et de la signification de ce nouvel environnement peut les conduire à l'incapacité de se signifier eux-mêmes. Le succès des sectes est un signe, parmi d'autres, de cette recherche désespérée du sens.

CHAPITRE 3

Métamorphose de la philosophie[1]

Le lecteur qui n'est pas un familier de la philosophie s'étonnera sans doute que nous lui fassions place ici, et même une place privilégiée, après le panoramique sur les mouvements de la technologie. Si les siècles où la technique est l'opérateur de la métamorphose du monde sont aussi ceux où le débat philosophique est le plus vif et le plus profond, ce n'est pas l'effet du hasard. Nous pensons, par habitude, aux philosophies et aux religions comme à des croyances figées, irréfutables s'affirmant identiques à elle-mêmes pour les siècles des siècles. Les historiens des mentalités ont démontré qu'il n'en est rien. L'homme est un animal profondément opportuniste. Il ajuste ses représentations du monde à la situation objective dans laquelle il se trouve. C'est celà qui lui donne l'efficacité. Derrière les spéculations les plus abstraites, il conserve toujours, sous une forme ou sous une autre, solidement ancré, un principe de réalité. Et s'il vient à le perdre, c'est pour devenir fou.

Levi Strauss appelle "pensée sauvage" ces images locales du monde que les tribus se construisent à partir de leur situation particulière. Que ce soit la tribu des kwaïutl ou celles des analystes financiers, chacune secrète ses représentations, à son niveau de cohérence. La société est ainsi parcourue de différentes végétations mentales poussant chacune sur son terrain particulier. Mais entre le jardin à la française de la logique cartésienne, les bosquets, les rocailles, les lacs du pragmatisme anglo-saxon, et les cailloux ratissés du jardin zen meublé de quelques signes, les différences tiennent, non de l'opportu-

1. Ce chapitre a été élaboré à la suite d'une discussion avec Bernard Stiegler et Marcel Henaff du Collège International de Philosophie.

nisme de la pensée sauvage, mais de positions plus fondamentales, qui sont de l'ordre de la pensée tout court.

Il n'en reste pas moins que cette pensée évolue elle aussi, plus lentement certes, mais aussi avec une certaine forme d'opportunisme. Cela ne signifie ici rien de péjoratif. Il s'agit seulement de consentir à ce que la métaphysique descende de son piedestal, en avouant que de tous temps, sa crédibilité s'est appuyée sur des démonstrations d'efficacité. Les sorciers et les oracles se servaient de la prestidigitation. Au XVIIIe siècle le révérend père jésuite Athanase Kircher invente la lanterne magique dans le seul but de renforcer la foi des fidèles en leur faisant apparaître des images d'allure surnaturelle.

Aujourd'hui la science nous gratifie d'étonnants spectacles, depuis le débarquement sur la lune jusqu'à l'endoscopie de notre propre corps, en passant par les éruptions volcaniques et la vie du fond des mers. Ce sont des apports de connaissance sans doute, mais aussi des démonstrations d'efficacité propres à convaincre les plus sceptiques. Aussi la démarche scientifique n'est-elle pas mise en doute. Le scientisme même est conquérant. Il se répand sur toute la planète, gagnant progressivement du terrain sur les autres métaphysiques. Mais le scientisme est incomplet, car il ne dit rien des finalités. Il n'est que le préalable d'une nouvelle philosophie.

En reprenant les scénarios des destabilisations du système technique des XIIe et XVIIIe siècles, on voit clairement se dégager le lien avec le mouvement des idées. Tout entre en métamorphose simultanément : le savoir faire pratique, qui détermine les conditions objectives de survie, et les croyances, qui en sont l'interprétation et l'illustration dans l'univers mental.

Car en effet ce sont les mêmes agents qui opèrent dans les deux champs. Les cisterciens comme les philosophes sont propagateurs à la fois de la culture technique et de la transformation philosophique. Et ceci au nom d'un principe de réalité. Les nouveaux venus s'en prennent aux pratiques anciennes pour des raisons philosophiques (ce sont des faux semblants, des caricatures), et aux positions philosophiques à cause des conséquences pratiques (l'inefficacité). A titre d'exemple, la règle bénédictine veut que les moines se lavent mutuellement les pieds. Dans le "dialogus duorum monachorum", un des textes principaux du débat de l'époque, l'auteur cistercien anonyme fait observer qu'à Cluny, on se contente de tremper trois doigts dans l'eau puis d'effleurer le pied d'un geste pieux, et se gausse de ce faux semblant.

A force de compromis de ce genre, Cluny en serait arrivé à un amollissement, dans le luxe et même dit-on les plaisirs, cultivant certes l'art sublime du chant grégorien, mais négligeant le travail manuel (seul efficace) pourtant prévu dans la règle.. Et Saint-Bernard ne l'envoie pas dire, dans sa "lettre à Robert" où il reproche à un moine d'avoir quitté Cîteaux pour Cluny. On ne peut pas prétendre être un ordre, ce qui veut dire aussi avoir de l'ordre dans sa vie, si on ne respecte pas la règle. Il se trouve d'ailleurs pris entre deux feux puisque l'agitation idéologique parisienne, où s'illustre Abélard, va jusqu'à proposer une démarche rationnelle pour l'interprêtation des textes sacrés, préfiguration lointaine de la méthode scientifique. Il ne cèdera pas sur ce point, maintenant que seule l'affectivité ouvre à la compréhension de la parole divine.

Au XVIIIe siècle, ce sont aussi les mêmes acteurs, le mouvement encyclopédique, qui opèrent à la fois sur la technique et la philosophie. Critiquant les faux semblants de la vie de cour et l'inefficacité, toujours au nom d'un principe de réalité. Combat Voltairien pour la vérité contre l'oppression et la tyrannie. Mais derrière l'indignation, c'est aussi la raison qui s'installe, au détriment de la vérité révélée et des interprétations cléricales. Le pas qui n'avait pas été franchi au temps d'Abélard l'est maintenant : l'homme se pose en interprète du monde, capable d'accéder à la connaissance par ses propres moyens, sans intermédiaire. Mais, là encore, des limites seront posées. Ce n'est pas le Rousseauisme ni son rejeton le romantisme qui triompheront, mais une sorte d'académisme scientiste. L'accès individuel à la connaissance restera régulé par les institutions. Pas l'Eglise dont l'influence ne fera que décliner, mais cette autre organisation multiforme dans laquelle se retrouvent souvent des travers cléricaux : la communauté scientifique internationale. La connaissance n'est pas ce à quoi chacun accède effectivement, au moyen de son expérience concrète, sensible et intellectuelle. C'est une sorte de Vérité, certes perceptible et vérifiable, mais requérant l'unanimité, s'imposant aux hommes depuis l'institution scientifique. Le pas qui, cette fois, reste à franchir, serait donc de se débarrasser de cette référence à l'autorité institutionnelle, en la relativisant, et surtout en restituant à l'homme, aux hommes dans leur quotidien, la responsabilité de l'accès à la connaissance.

Tous les systèmes qui structurent la société humaine, technique, scientifique, économique, entrent en mutation, s'organisent, se développent, se sclérosent, en étroite symbiose ; l'évolution de chacun éclaire l'évolution de tous ; le système philosophique est l'un d'entre eux, il sollicite donc le regard. Et sans doute un regard particulier car il se donne lui-même comme objet de porter un regard sur les autres systèmes, de la particule jusqu'au cosmos. Son analyse est critique, au double sens etymologique de discernement, et de crise. Sa propre histoire éclaire sur notre histoire, son mode de voir éclaire les problèmes vifs de la mutation que nous vivons, ses mouvements présents sont autant d'indices supplémentaires pour discerner les futurs possibles.

Le paradoxe fondateur

Qui veut entrer en philosophie ne doit pas se tromper de porte. L'accès par Heidegger ou Marx ou Descartes ne suffit pas à ouvrir la communauté sévère des gardiens du temple ; le parcours initiatique passe obligatoirement par les pères fondateurs grecs et par le plus père d'entre eux : Platon. Le profane en est toujours un peu surpris, persuadé que la démarche naissante de la philosophie avait précisément annoncé la rupture avec le magico-religieux, quand il découvre cette exigence initiatique de la profession : un parfum de religiosité flotte à l'entour. Mais on en retiend que le moment grec est d'une essence capitale. Il est d'autant plus éclairant d'y déceler les rapports de la philosophie émergente avec la technique. D'abord la coupure aristocratique, méprisante chez Aristote. Le philosophe investit le champ du discours, du "logos", du savoir théorique et contemplatif, en opposition avec celui du laborieux, du concret, du contingent, du local, de l'utile. Et quand certains (les sophistes) s'avisent de maîtriser et développer les techniques du discours comme instrument de persuasion, les "vrais" philosophes leur déclarent la guerre sous les quolibets. Platon, pour une bonne partie de ses dialogues a tourné les sophistes en ridicule. Pourquoi ?

L'éloquence n'est pas tout. Il faudrait quand même "savoir distinguer ce qui est de ce qui n'est pas" (Parménide) " En écoutant non moi, mais le logos, savoir dire en accord toute chose une" (Héraclite) ; autrement dit : par delà les discours particuliers, qui expriment des intérêts, ou les croyances d'une communauté, peut-on arriver à dire, en accord, quelque chose de commun à l'humanité tout entière. Le monde des artisans et des métiers a en effet toujours été habité d'enjeux particularistes, et le discours général, le "logos", parlant de l'essence des choses, a pour objet, au dessus les rivalités, d'apprendre à distinguer ce qui est de ce qui n'est pas.

Ce programme, fixé à l'époque, contient donc en germe la science moderne, en tant que triomphe de la raison sur les discours particula - ristes.

Mais ce qui trouble cette vision apparemment limpide, c'est que l'avènement de la philosophie est inconcevable sans l'avènement antérieur d'une technique, celle de l'écriture linéaire. Il fallait en effet à ce programme un moyen d'identification, de mémorisation de diffusion des énoncés collectifs. C'est ce qu'avaient perçu les sophistes appliqués à développer et enseigner une virtuosité efficace dans l'utilisation du langage au service d'intérêts particuliers. Mais la philosophie, tendue vers ce défi, à l'époque incroyable : faire émerger la raison humaine, était en quête d'une filiation moins concrète. Elle prit le parti de l'ingratitude envers cette première "synthèse de la voix" qu'était l'écriture.

Une société fertile

Il n'a pas suffi à la philosophie de cet instrument pour être. Son éclosion demandait un terrain propice où la "fertilisation croisée" pouvait produire ses effets.

Un lieu d'abord, une poussière d'îles, Samos y faisant figure de continent, où les échanges pouvaient s'animer dans le bassin de la nouvelle écriture. Constante dans l'histoire les zones de circulation, les géographies qui favorisent la multiplication des flux sont toujours des terrains de mutations.

Une innovation sociale ensuite, la naissance de la démocratie. Elle même doit beaucoup à l'écriture, qui avait donné aux transactions leur fiabilité, par la fixation des contrats et des bornages. L'outil s'étendit au politique et au religieux (les tables de la loi). Or, ce qui a été écrit peut être lu, relu et commenté : la codification du pouvoir entraine inexorablement sa mise en délibération.

Parallèlement, dans les îles grecques, la guerre se "popularisait". Son exercice n'était plus réservé aux cavaliers. On armait les paysans; la généralisation du risque à tous les citoyens leur ouvrait le droit à la parole.

Lorsque le légendaire Maïandros, successeur désigné du tyran Polycrate dans l'île de Samos, décide de refuser l'exercice du pouvoir, il désigne le centre de l'Agora, y place une pierre symbolique, l'omphalos, représentant le centre du monde, et fait en sorte que les décisions se prennent par délibération collective des chefs de tribu, selon un modèle dit isonomique[1]. L'isonomie, étymologiquement, signifie se tenir en équilibre par soi-même. A la décision d'un seul, le tyran, est substitué le consensus non pas de la totalité, mais de quelques uns. On pourrait croire ce système instable, voué à l'échec. Ne risque-t-il pas à tout moment que l'un des participants prenne de l'ascendant sur les autres et reconstitue une tyrannie ? Ne risque-t-il pas aussi d'être trop lent à se décider quand survient une menace extérieure ? C'est le contraire qui se produit, il sera contagieux. La "démocratie" grecque, partie de l'île de Samos, s'étend à la plupart des cités grecques, et reste stable jusqu'à la conquête romaine.

Les agoras se multiplient, délimitant un lieu vide, opérateur symbolique de l'isonomie, où chacun peut venir parler à partir de son statut de citoyen, de membre de la communauté, non de son statut privé. Figure inversée du panoptique, figure géométrique de ce qu'est la démocratie, non la loi d'un seul, ni même de la majorité, mais l'expression de la conscience, fut-elle portée par une minorité .

1. Jean-Pierre Vernant, *Mythe et pensée chez les grecs*, Minuit, Paris.

Face à ce nouveau défi posé à la condition humaine : faire fonctionner la démocratie délibérative, la philosophie a répondu par l'idéalisme platonicien. Les risques de désordre d'une pratique aussi résolument innovante appelaient l'assurance d'un "au-dessus" régulant les enjeux particuliers et les rivalités. A ses propres déviants pragmatiques, les sophistes, elle a répondu en posant un principe de réalité.

Le poème de Parménide le dit clairement : il faut savoir "distinguer ce qui est de ce qui n'est pas, car ne qui est ne peut pas ne pas être". Ce rappel au bon sens, énergique vu les circonstances, devient le point de départ d'une quête de la connaissance, dont plus tard la science pendra le relai. Mais l'installation de la méthode scientifique n'empêchera pas les questions fondamentales de la philosophie de rester présentes, comme si l'écriture avait ouvert un espace que le temps ne peut refermer.

La nouvelle écriture

Images et sons envahissent aujourd'hui notre environnement professionnel. Leur production et leur consommation connaissent des croissances exponentielles. Leur diffusion et leur stockage numérisés, leur traitement par l'intelligence artificielle en promettent l'accès de plus en plus facile et familier. Cette population pléthorique de signes propose une écriture nouvelle, en relation directe avec la sensibilité et l'émotion.

Si la philosophie est un discours toujours inachevé, né en réponse à la perturbation sociale causée par une technique, l'écriture linéaire, on peut se demander si, l'écriture étant à nouveau transformée, cette réponse ne devrait pas s'en trouver changée, au moins dans ses modalités.

Les sciences sont des tentatives de mise en langage des choses, on pourrait presque dire de mise en formule, d'enfermement dans des suites de mots. Dès lors que l'image animée et le son peuvent être mémorisés et transmis avec la même fiabilité que les caractères, la question de la **reconnaissance** prend le pas sur celle de la connaissance. En effet, comparer des images, c'est reconnaître des formes, alors que comparer des mots c'est d'abord constater l'identité de signes d'où l'idée traditionnelle mais insuffisante d'une connaissance pouvant s'accumuler et être retransmise en restant identique à elle-même.

Le langage s'enrichit non seulement d'images et de sons, mais aussi des vocabulaires techniques : Au total, environ six millions de mots, soit cent fois l'ampleur d'une langue usuelle, mille fois le vocabulaire d'un homme cultivé, dix mille fois la base nécessaire pour se débrouiller dans un pays étranger.

La manipulation de ce langage s'industrialise, confiée à des machines, de telle sorte que l'homme construit progressivement un techno-logos, qu'il mémorise et traite à l'extérieur. Après s'être déchargé sur des machines du traitement de la matière, le voilà qui se déleste de celui du langage sous toutes ses formes, et même de la mémoire. Celà ne peut manquer d'influer sur son destin. Quel est alors le sens, le savoir et le vouloir communs ? Nouvelles questions éternelles posées à la philosophie.

L'intelligence artificielle, loin de reléguer la philosophie au magasin des antiquités, réactive au contraire des débats millénaires. Notamment celui de savoir si l'homme est ou non une machine. Au début des années 60, Feigenbaum, enthousiaste des nouvelles technologies, écrit que le jour viendra où toutes les facultés humaines pourront être simulées par des ordinateurs, grâce aux systèmes experts. Dreyfus [1], indigné, répond qu'il n'en est rien. Pour des raisons philosophiques, l'homme n'est pas réductible à la machine. Car, pour opérer cette réduction, il faudrait que l'homme sache expliciter sous forme de règles tous ses comportements. Or, il ne le peut pas. Il peut les vivre, pas les dire. Ce qui est en cause dans cette controverse, c'est le statut du langage, le pouvoir du "logos". Elle rappelle un autre débat, entre linguistes celui-là. D'un côté Chomsky, à Boston prétend, aussi au début des années 60, que l'on pourra trouver une structure grammaticale commune à toutes les langues, grâce à laquelle la traduction automatique deviendrait faisable. De l'autre, Garfinkel, en Californie, soutient que c'est impossible, car même les discours les plus courants contiennent trop de sous-entendus pour qu'on puisse espérer les faire entrer dans des formes préétablies. Ces controverses ressemblent à celles qui opposaient, au VIe siècle avant JC, les philosophes et les sophistes en Grèce, les confucéens et les taoïstes en Chine, ou à celle qui, au sein de la tradition juive, oppose les talmudistes aux cabbalistes. La question étant toujours de savoir si tout peut être mis en formule, ou bien s'il reste toujours dans l'interprétation humaine quelque chose d'indicible et d'irréductible. Question d'autant plus fascinante que l'apparition d'une nouvelle génération de machines, dites connexionnistes, dont la propriété essentielle est, non pas d'engranger puis d'exécuter des formules, mais d'avoir appris à apprendre par essais et erreurs, épaissit le mystère et semble donner raison aux sophistes.

En effet, une fois que ces machines ont appris, il est le plus souvent impossible à un opérateur humain d'expliquer de manière intelligible en quoi réside leur savoir. Il ne peut que constater que "ça marche", sans plus. Dreyfus fait observer que le savoir faire d'un conducteur d'automobile répond aussi à ce schéma. Quand il est débutant, il prend

1. Dreyfus, *Intelligence artificielle, mythes et limites*, Flammarion, Paris.

du temps à réfléchir aux règles qu'il doit appliquer ; lorsqu'il devient expert, il conduit d'instinct et il devient de moins en moins capable de formuler les règles qu'il suit.

Métaphysique des institutions

Ce qui représente les intérêts particuliers porte maintenant le nom générique d'institution. Celles-ci sont défendues par de modernes sophistes : publicitaires, vendeurs, ou autres porteurs du discours institutionnel. Qu'il s'agisse d'entreprises, d'églises, de partis, d'états nation ou d'organismes quelconques, les institutions sont en permanence confrontées à la question existentielle : "être ou ne pas être".

Le raider de wall street, avant de lancer son offensive publie un article expliquant que sa victime, vivant dans l'incohérence, se trouve déjà dans le non-être, et mérite par conséquent d'être rachetée et confiée à des gestionnaires capables de lui conférer une véritable identité.

Dans les négociations internationales, la règle : un pays, une voix, ne prévaut plus que dans le contexte onusien. Partout ailleurs, que ce soit pour le désarmement, les télécomm, les brevets, la pollution automobile ou la météo, il y a ceux qui comptent et les autres, ceux qui sont et ceux qui ne sont pas.

Et plus la technique dématérialise les enjeux, plus le territoire social prend place dans l'esprit des hommes, plus l'énergie des institutions se trouve mobilisée à être. Car venir à être ou continuer d'être est problématique, lorsqu'il s'agit d'occuper un territoire dans le mental. Construire une image ne suffit pas ; il faut encore que tous les gestes manifestent entre eux une cohérence et concourent à une impression d'ensemble, au-dedans comme au dehors. C'est d'ailleurs en cela que la cohérence se construisant à chaque instant par les gestes les plus divers, comme un acteur donne consistance à son personnage par mille détails significatifs, il y a bien mobilisation de tout l'être en vue d'exister. De telle sorte que l'achèvement de la philosophie que sont la science et la technique modernes donne lieu symétriquement au retour frénétique des sophistes, requis par la question existentielle.

Risque de minéralisation

Face à ce défi, nombreuses sont les institutions qui se réfugient dans la fixité ou la référence au passé. A la résurgence d'un islam archaïque et des intégrismes religieux correspond le retour des valeurs traditionnelles de l'Etat-nation, de l'entreprise-famille et de la famille elle-même. Faute du souffle capable de donner vie à un être nouveau se réactivent des modèles anciens. Sans doute, on ne peut pas tout réinventer tout de suite ; mais la présence d'îlots archaïques au milieu de la modernité, tels des icebergs sur une mer agitée, rend le monde contemporain plutôt dangereux.

De tante Mathilde à l'huile Lesieur

La réaffirmation de l'être dans sa conformité à lui-même est un mouvement de retour sur soi bien connu des philosophes. "Reconduire dans l'essence" dit Heidegger. Mais à la même époque, Yves Lecerf avait une tante, la tante Mathilde, qui faisait de la reconduction de l'être dans son essence une interprétation beaucoup plus stricte : lorsque les enfants ayant vu un têtard dans le jardin essayaient d'attirer l'attention sur l'événement, tante Mathilde les arrêtait en disant: "quand les grandes personnes parlent, les grandes personnes parlent" réaffirmant ainsi la solide permanence de la priorité de leur discours sur l'événement. Tante Mathilde affichait des idées plutôt libres au sujet du flirt, mais terminait en disant : quoi qu'il en soit, il n'en reste pas moins "qu'une jeune fille, c'est une jeune fille". Et, en ce temps là, ça voulait dire ce que ça voulait dire. J'imagine comment elle aurait traité la question épineuse de la Nouvelle Calédonie : un territoire français, c'est un territoire français, et, après tout, les canaques, ce sont des canaques.

En lisant, à travers Alvin Toffler, les idées du fondateur de ATT, Théodore Vail (1885-1950), ou encore l'histoire d'Henry Ford à la fin de sa vie, on croit entendre tante Mathilde. Vail avait fondé une bureaucratie au travail routinier et normalisé. Il rêvait de mettre le même téléphone noir dans chaque foyer américain. Ford avait si bien organisé ses chaînes de montage qu'elles sortaient toujours le même produit, le modèle T. Selon son mot célèbre, il vendait "des voitures de n'importe quelle couleur pourvu qu'elles soient noires".

Après tout, aurait dit tante Mathilde, un téléphone c'est un téléphone ; et une voiture c'est une voiture.

L'un comme l'autre ont fini par échouer : le démantèlement d'ATT depuis la fin des années 70 résulte logiquement de l'incapacité de cette organisation parfaite à faire face à la seule chose qu'elle ne pouvait intégrer : la diversité ; avant la guerre, la concurrence victorieuse de General Motors face à Ford était déjà le triomphe de la diversité des couleurs et des formes sur la monotonie du modèle T, obstinément noir.

Toute entreprise est porteuse d'une certaine idée de la rationalité, sa substance, son être même. La philosophie de tante Mathilde, accrochée au produit, est le degré zéro de la rationalité. Elle a pu se déployer lors des débuts de l'industrialisation de masse. Mais elle portait en germe la sclérose des organisations correspondantes, victimes comme beaucoup d'autres groupes sociaux des truismes devenus fondateurs, des évidences acquises qualifiées d'originaires : l'auto-légitimation par la redondance.

Les glissements de l'identité

Dans la société de production, autrement dit le système industriel construit au siècle dernier, l'identité des entreprises s'accroche à leur produit. Pour définir le chocolat Menier, on juxtapose le nom du produit (chocolat) et le patronyme du fondateur (Menier). Ça suffit. Le capital est d'abord possession de l'outil de production, qui pour l'époque représente des investissements lourds, nécessaires pour faire un bon produit.

Aujourd'hui il s'agit pour la plupart des entreprises de se doter de rationalités d'un autre niveau, qui intègrent une diversité sans pour autant renoncer à la cohérence.

Dans la civilisation du signe, qui se constitue progressivement sous nos yeux, l'identité des entreprises se place à un niveau plus abstrait. Elle accepte la diversité des produits, tout en maintenant cette cohérence, qui se situe dans un espace abstrait, immatériel, faisant signe au dedans comme au dehors.

La dématérialisation de la technique, mouvement général, se manifeste là, en ce que les entreprises sont conduites à se définir par leur "image", dans l'espace des signes. Ce faisant elles quittent, parfois sans le savoir, la philosophie matérialiste, que la lourdeur du primat de la production rendait naturelle, voire inévitable.

Une des questions qui se pose maintenant est de savoir comment elles vont pouvoir quitter la mentalité de la fabrique, cesser de se définir par rapport à leur production et à leurs produits, sans pour autant tomber dans l'incohérence, l'irrationalité, c'est-à-dire l'inexistence puisque, comme le dit Hegel : "ce qui est rationnel est réel ; ce qui est réel est rationnel".

Le cas récent de l'entreprise Lesieur témoigne de ces difficultés. Son identité se trouvait accrochée à l'huile d'arachide. En butte à des concurrents, tels que Procter et Gamble, dont l'identité est plus abstraite, son marché se trouvait grignoté par la diversité de leurs produits. Des consultants [1] intérieurs et extérieurs amenèrent alors Lesieur à redéfinir son identité à un autre niveau d'abstraction. Au lieu d'être un producteur d'huile d'arachide, il s'agissait d'être le porteur d'un concept : la créativité dans la cuisine, et le pourvoyeur de services et de produits destinés à l'accompagner.

Un spot publicitaire illustrait cette idée : on y voyait des invités arriver dans un appartement. Un couple nouveau passait la porte,

1. Il s'agissait d'Hervé Serieyx et de Charles Krejtman.

l'hôte annonçait : "pour untel une salade exotique", un autre couple : "pour lui une salade niçoise". Quatre fois de suite, et pour chacun, une salade différente. A la fin, on montrait les quatre sortes d'huile accompagnant ces créations. Ainsi on signifiait, à partir d'une situation confuse, un concept clair : la création. Même au niveau le plus élémentaire – l'homme en train d'assaisonner des salades – elle demande une diversité.

Cette nouvelle identité nécessitait des financements nouveaux : il fallait mettre en place une gamme cohérente, faute de quoi le concept serait resté théorique, dans le discours, et n'aurait pas été cru. Car seuls les actes ont un sens. Le discours de l'identité n'est pas parlé, il est agi.

En 1985, se sentant attaqué sur l'huile d'arachide, Lesieur a eu un réflexe de sanctuarisation, abandonnant temporairement sa nouvelle identité. Ce qui montre combien l'abstraction est difficile à assumer. Pourquoi cette évolution, hésitante mais réelle, depuis des identités accrochées au produit, comme celle du chocolat Menier, vers des définitions abstraites, moins "matérialistes", intégrant une diversité de produits autour d'un concept clair ? C'est, semble-t-il, un des aspects de la transformation contemporaine, qui met en mouvement simultanément le technique et le social.

La rationalité de l'entreprise

A chaque époque, l'espace entre l'individu et l'humanité toute entière est meublé différemment. A mi-chemin entre l'unité et la totalité se trouvent des entités sociales, reconnues par les hommes. La tribu animiste, l'empire de pharaon, la cité grecque, la république romaine, le domaine féodal, l'Etat-nation. Ces entités de pouvoir, à géométrie variable, forment tantôt des mosaïques décentralisées, tantôt des royaumes monolithiques.

Le développement du commerce s'est accompagné, chaque fois qu'il s'est produit, de la constitution de personnes morales, elles aussi intermédiaires entre l'individu et la société tout entière. Les phéniciens, les minoens, les gênois, les vénitiens ont constitué des entreprises dont l'identité et la signature sont reconnues par leurs partenaires.

L'histoire offre à notre regard, dans les interstices des identités politiques (de la tribu à l'Etat-nation), la montée, lente mais irréversible, des identités économiques : les premières sociétés par actions du douzième siècle, les moulins de la Garonne, puis les parts de vaisseaux au long cours, les compagnies du siècle des lumières, puis les usines et les fabriques, enfin le déploiement des multinationales.

Ces êtres intermédiaires, qui ne sont ni l'individu, ni la société tout entière, mais bien quelque chose flottant quelque part entre les deux, n'existent que parce que les hommes y consentent. Néanmoins, ils subsistent même lorsque des concurrents les agressent et veulent leur disparition. La question de leur existence même est donc permanente et incontournable.

Ainsi dans les entreprises se posent aujourd'hui les questions philosophiques de toujours :

– Qui sommes-nous ? : quelle est l'identité de l'entreprise, comment peut-on la saisir, de quoi est-elle faite, qu'est-ce qui la fait évoluer, quelle est cette chose, immatérielle contingente, qui nous inspire et dont nous ne comprenons pas exactement la nature profonde ?

– D'où venons-nous ? : quelle est la mémoire collective, comment fonctionne-t-elle ? non seulement que sait-on, mais à quoi sert ce que l'on sait, y-a-t-il apprentissage et comment ? à partir de quelle expérience ?

– Où allons nous : Qu'est-ce qui est prévisible dans les comportements des clients, des partenaires, de l'environnement ? Face à cela, quelle est la volonté collective, la vision d'une finalité commune, et la combativité ?

Ainsi la question de l'être est présente dans les entreprises, sous la forme même où l'avait annoncée Parménide : "savoir distinguer ce qui est de ce qui n'est pas, car ce qui est ne peut pas ne pas être".

Roger Martin, quand il dirigeait Saint-Gobain Pont-à-Mousson, s'en disait le gardien de la volonté de vivre, le jardinier, car il pensait que les entreprises appartiennent au règne végétal. Le modèle biologique, dans le monde administratif, pourrait en être le corail, être mou qui secrète inlassablement un squelette dur, qui peut, si l'on n'y prend garde, construire des récifs géants, des territoires nouveaux affectionnant une géométrie insulaire. Un paradoxe surprenant chez ces institutions c'est qu'elles refusent pourtant à la fois la vie et la mort et optent pour le statut du minéral, immobiles pour l'immortalité. On dit que si, au temps de Watt, on avait créé un Commissariat à la Machine à Vapeur, il existerait encore aujourd'hui [1].

Identité et identification

L'expérience montre en effet, tous les innovateurs le disent, qu'une initiative nouvelle se confronte d'abord à la négation des institutions en place. Elle est, dans un premier temps, considérée comme non existante, rejetée dans le non être.

L'identité est la construction d'une conscience de soi. Ce point, si évident pour le philosophe, est constamment méconnu dans la pratique

1. Lebeau et Cohendet, *Choix stratégiques et grands programmes technologiques*, CPE-Economica, Paris, 1987.

sociale. On fait comme si l'identité pouvait être conférée, voire assignée, découpée ou manipulée de l'extérieur, par les "pouvoirs" en vigueur. Il en résulte tout un ballet de zombies, destructeurs des germes d'identité vraie, germes dont l'existence même menace ce qui leur tient lieu d'être : la référence à une légitimation externe, c'est-à-dire la négation de la pensée autonome.

Socialement, "venir à être" est tout un travail, lorsque l'on est considéré comme n'étant pas. Et la négation institutionnelle peut perdurer, même après que des preuves d'existence éclatantes aient été administrées. Un exemple en est donné par la petite phrase, en plein mai 68, du secrétaire général de la CGT : Cohn Bendit, qui est-ce ?

Alors que le pays menaçait de basculer, entraîné par sa verve, l'institution CGT continuait à considérer qu'il n'existait pas, car, selon sa rationalité, il n'était pas représentatif, n'ayant pas été élu ou désigné dans les formes convenables. On ne pouvait pas le reconnaître. Les institutions considèrent en effet, ou font semblant de considérer qu'il faut, pour venir à être, respecter certaines formes ou formalités, montrer "patte blanche".

Souvent, les hommes d'appareil restreignent les conditions par lesquelles on peut venir à être, si bien qu'il n'y a plus que ceux qui sont déjà qui peuvent être. C'est la fermeture : on ne prend au téléphone que ceux qui peuvent se réclamer d'une représentativité et d'un niveau hiérarchique suffisant.

Au début de son éclosion, la micro-informatique est niée par les grands constructeurs d'ordinateurs, IBM en tête, en vertu du principe que seul ce qui est rationnel est réel. La rationalité en effet, à leurs yeux, c'est l'informatique comme outil professionnel ; rien à voir avec les amateurs et le grand public. Elle sert, selon eux, à propager une nouvelle rationalité de gestion des organisations. Essayer d'en faire un jeu, c'est sortir de la rationalité pour laquelle elle est faite ; plus que futile, c'est inexistant. Pour revenir sur cette négation, il a fallu que les ventes Apple dépassent le milliard de dollars. Lorsque, en 1979, IBM lui-même s'est lancé dans la micro, tout un pan du discours des constructeurs a dû être déconstruit et reconstruit. C'est ce que l'on appelle en histoire des sciences, après T.S. Kuhn [1], un changement de paradigme, une destabilisation de la grille de lecture.

Les réponses à la complexité

L'émergence foisonnante d'identités nouvelles, dans les domaines de la connaissance, des développements techniques, des pôles économiques, des comportements sociaux éclatés en socio-styles mouvants,

1. T.S. Kuhn, *La structure des révolutions scientifiques*, Flammarion, Paris.

fragmentés dans la nouvelle galaxie des micro-masses, atomisés par l'individualisme, brouillent la vue des institutions publiques et privées et les confrontent à des défis auxquels, comme on l'a constaté, elles sont mal préparées, leur propre identité se trouvant fortement remise en question. La tentation est grande pour elles de chercher leur salut dans une simplification réductionniste de cette complexité volontiers baptisée désordre, dans un renforcement des structures centralisées qui préservent leur ligne de flottaison en jetant pèle-mêle par-dessus bord un maximum de problèmes qui font trop plein.

Le "moins d'Etat" apparaît plus souvent comme un réflexe de sauve-qui-peut que comme une redistribution dynamique et cohérente des responsabilités et des initiatives. Les analystes politiques les confortent quand ils relèvent complaisamment dans l'histoire des exemples de renforcement des pouvoirs centralisés en réponse aux désordres des périodes de mutation. Ils ont sans doute tort de prêter moins d'attention aux mouvements inverses, comme le geste de Maïandros déposant le pouvoir au centre de l'Agora de Samos, ouvrant ainsi symboliquement la voie à la naissance de la démocratie.

Machiavel compare ainsi la Turquie et la France de son époque ; la première hypercentralisée, où chacun tient sa légitimité du Prince, ne peut envier le tonus de la seconde, décentralisée, où des compétitions constantes exercent une pression de sélection favorable au progrès économique. Plus globalement, le développement de l'Europe occidentale est lié à l'éparpillement féodal, aux compétitions entre groupes autonomes qui ont réussi à exorciser la tentation renouvelée, de Charlemagne à Louis XIV, de refaire l'empire romain.

L'histoire de la Chine, telle que la décrit Etienne Balacz, montre que, lorsque l'emprise du pouvoir central se relâche, les entreprises croissent et se multiplient. Inversement, quand le pouvoir se renforce, les échanges s'étiolent et les entreprises s'atrophient. La rationalité administrative centralisatrice y a étouffé les capacités d'innovation, malgré l'avance technique considérable qu'elle avait sur l'occident du Moyen Age.

Le Japon moderne, dont la tradition féodale a assuré l'organisation polycentrique, fait, à l'inverse, la démonstration de sa capacité d'adaptation au système industriel occidental. Et il est probable que les Etats-Unis, sans loi anti-trust, auraient connu un inéluctable engourdissement industriel et perdu leur rang de première puissance mondiale.

Si bien que l'idée d'un état administré avec autorité ordre et fermeté, jouissant de surcroît d'une économie prospère paraît, malgré le désir qu'on en ait, une improbable conciliation des contraires.

L'étoile du berger et le réseau pensant

Plus grande est la complexité, plus les problèmes de communication se font aigus et plus difficile la régulation des systèmes. Des schémas simples illustrent clairement le problème. La communication tyrannique a une structure d'étoile. Les éléments de la périphérie ne peuvent se parler qu'en passant par un centre. La communication isonomique, au contraire, a une structure de réseau, c'est-à-dire que n'importe quel élément peut parler à n'importe quel autre. La combinatoire dit que, si la périphérie comprend n éléments, il y a n connexions dans l'étoile, mais beaucoup plus dans le réseau : n (n – 1)/2. Pour dix éléments, cela fait déjà un écart de un à cinquante.

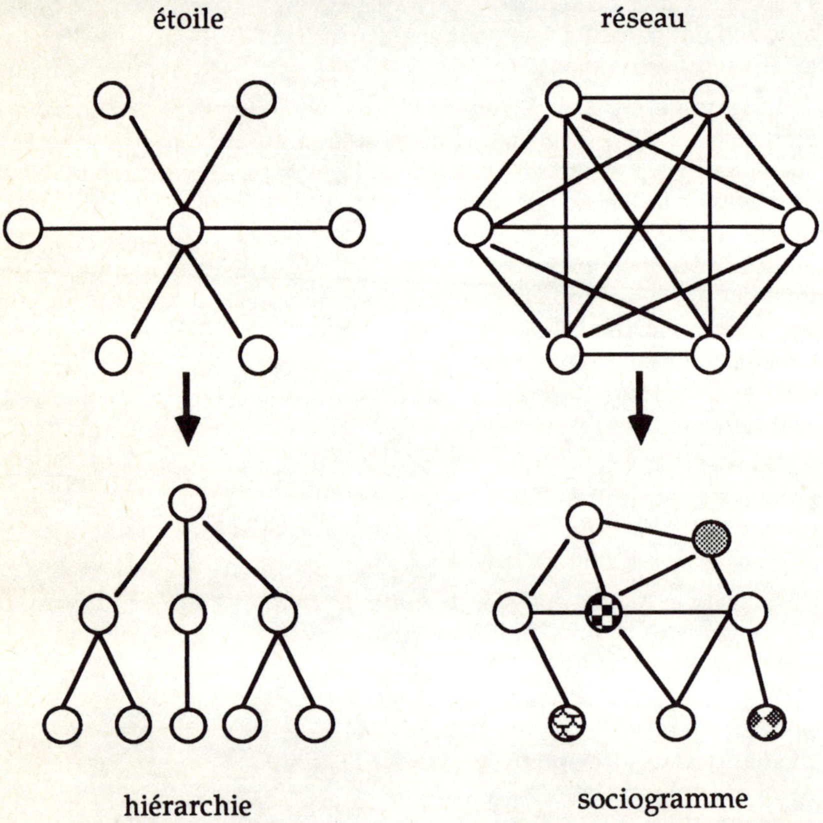

Il en résulte que l'étoile est vite saturée par le flux d'informations et se démultiplie en hiérarchie. Malgré cela, l'état normal vers lequel elle tend, c'est l'engorgement au centre et la paralysie aux extrémités, que connaissent bien tous ceux qui ont vécu dans les structures centralisées. Le réseau, au contraire, a trop de connexions possibles et n'en utilise que quelques unes, au gré des sympathies de ses membres. C'est ce que l'on appelle un sociogramme. Toujours menacé d'asthénie, il faut, pour le maintenir en activité, un travail constant d'animation.

Il est donc logique de supposer que, dans l'histoire, le passage de l'étoile au réseau, cette ouverture en corolle d'un espace de communication, est liée à la saturation en information, rendant évidente pour tout le monde, y compris pour le centre, l'inefficacité de la structure centralisée.

Lors de la formation des premières bourses de valeurs, en Italie et en Hollande pendant la Renaissance, n'était-ce pas de cela qu'il s'agissait ? les grands marchands dont la signature était reconnue dans toute l'Europe, saturés de demandes de transactions, ont convenu de se placer autour d'une corbeille, isonomique par construction, pour y traiter leurs affaires collectivement.

Le passage pendant les années 70-80, de l'informatique centralisée aux réseaux de micro-ordinateurs, relève du même mouvement : surmonter l'engorgement au centre et la paralysie des extrémités. Les nouveaux modes de gestion participative, tels que les cercles de qualité, consistant à ouvrir des espaces de réflexion jusque sur les lieux autrefois occupés au travail taylorien tout entier prédéterminé, sont une réponse à la complexité de la technique. Puisque l'ampleur de son vocabulaire la rend insaisissable à un cerveau isolé, ne faut-il pas constituer des systèmes à intelligence répartie, c'est-à-dire ouvrir des espaces de communication où l'on pense à plusieurs au contact même du réel, là où, jusqu'à présent, on ne faisait qu'exécuter ?

Dans le monde contemporain, la télévision possède une structure en étoile ; même s'il y a plusieurs chaines et du câblage, ce ne sont que quelques étoiles superposées. Par contre, le téléphone, le minitel (et demain le visiophone) ont une structure en réseau.

Bien qu'inventée après le téléphone, la télévision a été diffusée bien avant lui. Pour 5 milliards d'habitants, il y a 400 millions de lignes téléphoniques dans le monde (8 pour cent personnes), et plus de 600 millions de téléviseurs. Les effets de ces médias sont opposés. La télévision renforce le ou les centres. Tous les pouvoirs veulent donc être médiatiques. Le téléphone permet à la périphérie de se coaliser, il court-circuite la hiérarchie, impulse la création d'entreprises. La carte mondiale du développement du téléphone correspond à celle du développement économique. C'est plus qu'une coïncidence, bien que ça ne constitue pas la preuve d'une relation de cause à effet.

Ces deux modèles de communication ont bien sûr des influences opposées sur les comportements, les rationalités et les identités.

Taux d'équipement des ménages (France)

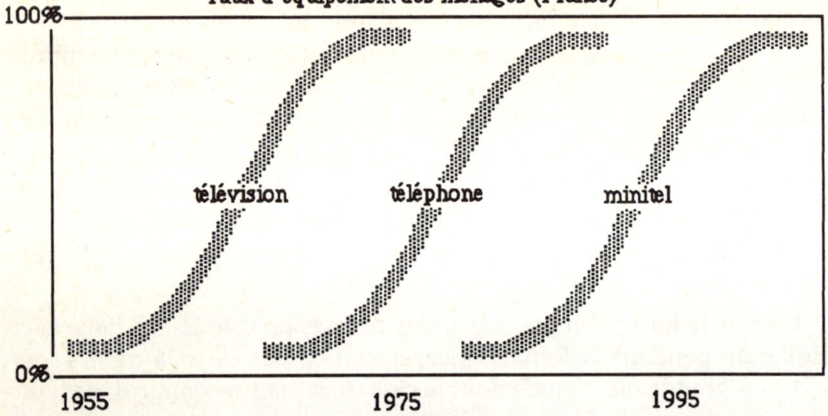

Le fonctionnement d'un système en étoile fait appel à l'"homo hiérarchicus" pour qui "le pouvoir c'est le pouvoir". Quand il l'a, il l'exerce ; quand il ne l'a pas, il le subit. Il raisonne en termes domaniaux, rêve de maîtrise, et de contrôle. Tout est pour lui territoire, à conquérir ou à défendre. Ce qu'il acquiert, ce ne peut être en le créant, mais bien en le prenant à quelqu'un d'autre. La constitution d'une identité nouvelle ne peut procéder que du centre, qu'il imagine nécessairement au-dessus, projetant sur lui une légitimité transcendante.

Le fonctionnement d'un réseau fait appel aux entreprenants. Pour eux, les hiérarchies n'ont pas grande importance. Ils croient surtout à l'efficacité et mesurent l'estime qu'ils accordent aux autres aux résultats qu'ils obtiennent. Ils se disent que rien n'est jamais acquis et que seul existe ce qu'on se donne la peine de faire exister. Pour eux, le pouvoir créateur est redescendu dans l'homme, les dieux sont intérieurs.

Dans un réseau, les contenus et les connexions sont fluctuants. Ce qui dure est du niveau conceptuel. C'est pourquoi l'exercice de la pensée claire y structure les actes et les relations.

L'oeil du pouvoir

Le panoptique de Bentham est cette "machine à tout voir" constituée d'une périphérie cloisonnée, transparente au seul regard de la tour centrale, qui a servi de modèle aux établissements de surveillance, hopitaux et prisons, à partir du début du siècle dernier. Bentham l'imaginait aussi en fabrique où la circulation des produits, soutenue par la circulation du regard des surveillants, évite aux travailleurs une oisiveté préjudiciable. Ce n'est plus l'immobilité qui est requise, mais la répétition à l'identique des mêmes gestes, dans un logiciel bouclé au déroulement parfait. La reproduction, pas la création.

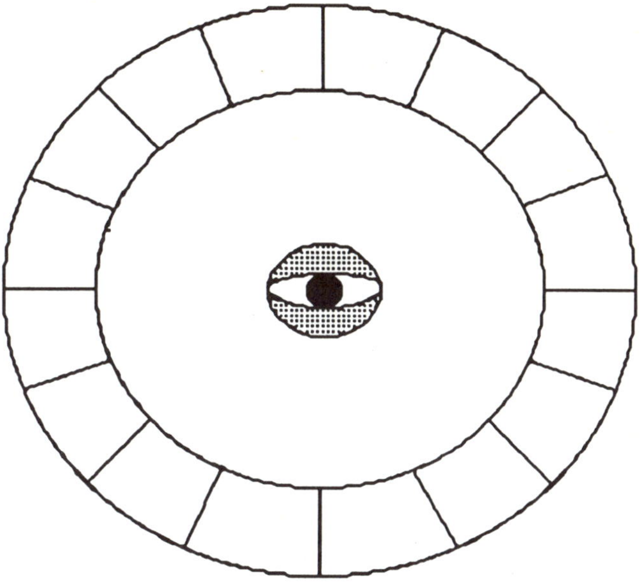

"Le principe est : à la périphérie, un bâtiment en anneau ; au centre, une tour ; celle-ci est percée de larges fenêtres qui ouvrent sur la face intérieure de l'anneau. Le bâtiment périphérique est divisé en cellules, dont chacune traverse toute l'épaisseur du bâtiment. Ces cellules ont deux fenêtres : l'une ouverte vers l'intérieur, correspondant aux fenêtres de la tour ; l'autre, donnant sur l'extérieur, permet à la lumière de traverser la cellule de part en part. Il suffit alors de placer un surveillant dans la tour centrale, et dans chaque cellule d'enfermer un fou, un malade, un condamné , un ouvrier, ou un écolier. Par l'effet de contre-jour, on peut saisir de la tour, se découpant dans la lumière, les petites silhouettes captives dans les cellules de la périphérie. En somme, on inverse le principe du cachot ; la pleine lumière et le regard d'un surveillant captent mieux que l'ombre, qui finalement protégeait".

L'efficacité de son dispositif réjouit Bentham : " être constamment sous les yeux d'un inspecteur, voilà qui ôte la possibilité de faire le mal, et presque la capacité de le vouloir". L'architecture industrielle s'inspire du panoptique. Aujourd'hui il y a même des laboratoires de recherche où les directeurs peuvent avoir l'oeil sur tous leurs chercheurs pour vérifier qu'ils sont bien en train de chercher.

Le principe de ce fonctionnement institue un statut de la connaissance c'est-à-dire une pétition de principe sur la circulation de la connaissance, la plus élémentaire de toutes les pétitions possibles. Il y a un centre (le système de surveillance) et une périphérie (les éléments surveillés). La périphérie doit être totalement visible du centre et, d'autre part, elle est cloisonnée. Ses différentes parties ne se voient pas les unes les autres. Le centre n'a pas d'autre pouvoir sur la périphérie que celui de la regarder (et au besoin de rajouter des cloisons qui renforcent son opacité vis-à-vis d'elle-même). C'est donc, par construction, une structure en étoile.

Observons ici combien ce statut de la connaissance est inspiré du scientisme cartésien. Descartes dit, en effet, dans sa quatrième méditation : "Toutes les fois que je retiens tellement ma volonté dans les bornes de ma connaissance qu'elle ne fait aucun jugement que les choses qui lui sont clairement et distinctement représentées par l'entendement, il ne peut se faire que je me trompe".

Il associe de la sorte les objectifs "clair" et "distinct" et les traite par la suite comme s'ils étaient liés. Cette exigence de distinction, à partir de laquelle se déploie une subdivision du savoir en parcelles et l'exploration de plus en plus fine de la matière, au moyen d'instruments de mesure au pouvoir séparateur accru, est en effet la clef du scientisme. Son incarnation concrète, c'est l'organisation hiérarchisée et parcellisée du travail. Ainsi, le principe de séparation a structuré non seulement des architectures et les urbanismes (charte d'Athènes) mais aussi le développement de l'appareil de production.

Le combat des vivants

La constitution d'une identité nouvelle menace d'autant plus l'organisation panoptique que celle-ci, en vieillissant, est devenu machinale. On assiste alors au clivage de la population entre deux types d'êtres : ceux qui s'identifient à des organes d'une machine, se projettent dans l'univers des objets, luttent pour la préservation de l'existant ; ceux qui considèrent qu'ils sont porteurs de vie, qu'ils ont le droit d'entreprendre et s'engagent dans une destruction créatrice de l'existant. Car toute vie se nourrit d'une mort, qui seule peut permettre aux émergences fondatrices de survivre. Bien entendu, il s'agit de la mort en esprit. La diaspora d'une institution, la déconstruction psychanalytique, et plus généralement la déstabilisation d'un logiciel social, sont autant de morts en esprit. La nécessité qui gouverne toutes ces morts est la même : celle de laisser place à la vie, c'est-à-dire à la création, dont le déploiement est entravé par les rigidités secrétées par la vie elle-même. L'image du corail construisant son squelette dans lequel s'enferment progressivement les parties molles, fragiles, mais vivantes, illustre parfaitement cette nécessité.

Ceux qui se trouvent coincés dans un panoptique se demandent comment "faire bouger les choses".

– le premier réflexe est de s'attaquer à la tour. Peine perdue ! Symbole du pouvoir, elle est construite pour résister à l'agressivité, voire pour la susciter, la canaliser.

– d'autres, pleins de bonne volonté, essaient de décloisonner. Manoeuvre de débutant ! Dès que les choses commençent à fermenter, à bouillonner, lorsque s'annonce la création, apparaissent en même temps des conflits. Alors monte une demande pour recloisonner: chacun chez soi, et les vaches seront bien gardées.

– d'autres encore, convaincus que le soin de résoudre un problème si difficile ne peut être laissé à personne d'autre, prennent le pouvoir, et s'installent dans la tour. Sans résultat ! Car, une fois au centre, remarquait Bentham, on a de la distraction à regarder les cellules, mais on ne peut pas changer le principe du panoptique. On peut, tout au plus, rajouter quelques cloisons; ceux qui se sont hasardés à détruire la structure, l'ont en général vue renaître instantanément sous une autre forme, ses rigidités renforçées par l'épreuve.

– Alors, que faire ? La seule stratégie répertoriée comme efficace, c'est de construire en dehors du champ de vision de la tour, dans un groupuscule fondateur de moins d'une douzaine de personnes. Si l'on arrive à se réunir discrètement, régulièrement, pendant assez longtemps, et à maintenir un niveau d'interrogation et d'exigence suffisant, il est quasi-certain qu'une création autonome et viable en résultera, directement ou non. Après quoi, si elle réussit, elle engendrera à son tour un petit panoptique, qui grandira jusqu'à devenir insupportable à ses habitants, lesquels, à leur tour...

Dans le monde moderne où les institutions sont si imposantes et rigides, le découragement peut guetter celui qui se prend à douter de leurs fondements conceptuels. Car le nombre de ceux qui acceptent d'intérioriser leur panoptique et le discours institutionnel qui l'accompagne donne l'impression d'une armée de morts-vivants marchant au pas, en face de laquelle les mutants, germes de vie, peuvent avoir le sentiment de leur impuissance.

Les tribus de gaulois n'ont pas vaincu les légions romaines; mais l'empire romain s'est désagrégé du dedans, avant même que quelques hordes ne précipitent son écroulement. De même peut-on prédire que les structures géantes du monde moderne s'effondreront en leur temps, qu'il s'agisse d'IBM ou de l'armée rouge ; et que cet effondrement sera accéléré par les techniques de communication, dès lors que celles-ci permettent à la périphérie de se reconnaître malgré les tentatives de cloisonnement du centre.

CHAPITRE 4

L'essence de la métamorphose

Les mécanismes de la déstabilisation du système industriel sont à l'œuvre, ainsi que ceux de la mise ne place d'un nouveau système technique, nous l'avons évoqué.

Les enseignements de l'histoire, l'observation attentive du présent, le rappel des questions fondamentales que posent et que se posent depuis la nuit des temps les hommes plongés dans une complexité croissante, les éléments de réponse qu'ils ont successivement avancé, tout cela nous permet d'élucider l'essence de la mutation actuelle.

Il s'agit d'un passage d'une société matérialiste à une société de l'immatériel ; d'un système d'exploitation de la nature à un système d'exploitation de l'intelligence humaine, d'un système de reproduction à un système de création, c'est dire de perpétuelles métamorphoses, manifestant la "permanence de l'être aux multiples visages".

Les rigueurs du présent

Depuis le néolithique, l'homme tire sa subsistance du sol. La production s'est toujours fondée sur la transformation de la matière, à l'aide d'outils, puis de machines. Avec le développement du machinisme, l'utilisation de la machine devient exploitation intensive, industrielle, et le paradigme dominant, celui physico-chimique de la matière. Sa projection dans le domaine social est l'organisation hiérarchique ; sa justification suprême : la production de masse. L'ensemble de ces postulats fonctionne sur les représentations d'un monde décomposable par l'esprit en éléments séparés (Descartes) et sur l'efficacité de la causalité linéaire.

En 1953, Heidegger analysant l'industrie de son temps la décrit comme "gestell", c'est-à-dire réquisition, arraisonnement. Il explique comment sous prétexte de satisfaire les désirs de l'homme, on réquisitionne les ressources naturelles et, pour les transformer, on réquisitionne l'homme. L'essence de cette technique là, c'est la réquisition. Il y voit l'aboutissement de la métaphysique, fondée par les grecs, il y a deux millénaires et demi, et en même temps l'annonce de sa fin, son retournement. En effet, la distinction, chère à Descartes, avait bien été annoncée, comme principe fondateur, par Parménide, dans son poème sur l'être ; elle est le geste structurant de la philosophie occidentale, comme nous l'avons expliqué. Et voilà que les événements mutants de la technique contemporaine sont enclenchés par l'abolition de distinctions anciennes, qui s'évanouissent comme des bulles de savon, et laissent alors libre cours à la réalisation des grands rêves de l'humanité. Ce fut d'abord la distinction entre l'air et l'eau qui, s'abolissant dans la mécanique des fluides, permit l'envol ; puis la distinction entre l'électricité et le magnétisme qui, s'abolissant dans l'électromagnétisme, permit l'ubiquité par la radio, la télévision et le téléphone ; puis la distinction entre masse et énergie qui, s'abolissant, rendit possible l'apocalypse nucléaire ; enfin la distinction entre le corpusculaire et le vibratoire, le continu et le discontinu qui, s'abolissant elle aussi, non seulement autorise la lévitation (un aimant reste suspendu au dessus d'une plaque supraconductrice), engendre les images fractales, réduit le son et l'image à des messages digitaux, et rend possible la construction d'une sphère mondiale hallucinogène où l'homme a pour horizon son propre mental.

Donc tout repose sur la crise de la distinction et du système qu'elle a engendré. Or, ce système trouve maintenant ses limites politiques. Non seulement il pille les ressources non renouvelables de la terre et fait planer la menace de nouvelles pénuries, mais il pollue, détruit les équilibres fragiles de l'écosystème et met en danger la reproduction du vivant. Il creuse les inégalités entre les nations nanties et les autres. Même aux pays les plus privilégiés, il ne peut plus offrir de perspectives heureuses en matière de croissance, ni assurer un emploi à tous, ce qui constituait la justification de son existence. Il est collectivement remis en cause, faute d'avoir respecté sa finalité, celle de toute pensée, qui n'est pas de distinguer pour distinguer, mais de distinguer pour unir.

Les institutions sur lesquelles ce système s'est édifié sont remises en question, sinon dans leur finalité, du moins dans leur fonctionnement. Les citoyens refusent la rigidité étatique, l'injustice sociale. La bureaucratie les étouffe. Les partis politiques ont du mal à faire des voix et la majorité des travailleurs reproche aux syndicats de ne pas faire leur métier.

Les croyants refusent la contrainte des cultes. On rejette le mariage ; on divorce de plus en plus. Les familles deviennent multiformes, et refusent de faire beaucoup d'enfants. Le travail, qui se fait rare, est un sacrifice contesté, même si la sueur du front est remplacée par celle des neurones. L'individu s'autonomise et privilégie son épanouissement personnel, l'ici et le maintenant, son corps et ses distractions. Il s'intègre dans des petits groupes, des associations conviviales mais la grande collectivité s'éloigne de son horizon. Le consommateur s'indiscipline, glisse entre les normes, s'éclate en "styles de vie" multiples. La marginalisation et l'exclusion guettent ceux qui ne disposent pas d'un emploi et d'un revenu. Simultanément se développent des réactions de défense, d'aggressivité : le sentiment d'insécurité croît plus vite que l'insécurité elle-même. La société se démassifie, se morcelle, devient de plus en plus difficile à gérer.

Jeux

L'essence du nouveau système qui se met en place se dévoile progressivement. Ce qui transforme les quatre pôles de mutation, comme nous l'avons vu dans la première partie, c'est "l'intelligence" qu'on inscrit directement dans la matière, c'est le jeu avec les mécanismes les plus intimes de la nature et de la vie, en temps réel. L'objectif n'est plus d'exploiter la nature jusqu' à épuisement, mais d'en créer une autre, de nouveaux matériaux, de nouveaux êtres, de nouvelles énergies, de nouveaux rythmes. Et ce, parce que le système de réquisition a trouvé ses limites. Créer, non produire et reproduire à tout prix, rechercher des créateurs, des entrepreneurs (dont le statut s'est valorisé très récemment) non plus des hommes machines. Pas un homme politique, pas un économiste qui ne vante les mérites de l'innovation, de la création d'entreprises dans tous les pays. Pas une région qui ne crée une pépinière, une couveuse, un technopole pour favoriser la création d'entreprises (et d'emplois).

Le nouveau paradigme, biologique, est celui de la vie, de la complexité, du bouillonnement, du désordre créateur, de l'information ; avec ce basculement d'un monde pauvre en informations à un monde où l'information supportée par le développement technologique envahit l'espace, et le peuple de signes. Les gagnants sont désormais ceux qui ont la plus grande capacité de traitement de l'information et du signe ; tels ces Japonais, entraînés dès l'enfance à manier un alphabet ambigü constitué de milliers de signes.

Passer à un système de création, ne veut pas dire qu'on ne produit plus, ni que le capital disparaît.

La production s'intellectualise ; Le consommateur réfléchit

La machine réagit aux questions et aux ordres de l'homme en temps réel. Elle se met au service de sa créativité grâce au fonctionnement intéractif. Elle le remplace pour les tâches astreignantes. L'ordinateur brise la chaîne de production en rendant rentables des séries flexibles. C'est la fin de l'uniformité obligée dans le travail et dans les objets consommés. On va vers le produit à la carte, selon les désirs des clients, la compétition se déplace vers la personnalisation de la qualité. On achète plus pour s'épanouir que pour se montrer, plus en fonction de satisfactions personnelles qu'en fonction du statut social. On ne veut pas seulement une profusion de choix mais la sécurité. La qualité prime la quantité. L'être devient plus important que l'avoir. On cultive son corps mais aussi son esprit. Les industries de loisirs s'équipent pour offrir des stages d'informatique, des cours de langues, des séminaires en tous genres et, les musées font le plein. Les disciplines personnelles réapparaissent : diététique, fitness, yoga.

Les investissements deviennent immatériels ; L'entreprise devient média

Dans ce contexte de mutations, les entreprises qui veulent être compétitives incorporent une part croissante d'intelligence dans leurs produits... en réduisant la part de la matière elle-même (allègement). Nouveaux nés, dans le langage des économistes, les investissements immatériels ou intellectuels sont ceux qui visent à introduire de "l'intelligence" dans tous les éléments qui composent le système de production : recherche et développement, formation, logiciels informatiques, communication. Ils représentent déjà 40 % de la formation brute de capital fixe [1].

"Pendant longtemps la compétitivité c'était l'intelligence de l'investissement fait à temps. Aujourd'hui et dans l'avenir la compétitivité nationale et internationale dépendra directement de l'investissement dans l'intelligence" [2].

Naissance des cercles de qualité, groupes d'expression ou de projets qui répondent au processus d'intellectualisation de la production. Développement de la communication, de la publicité, du marketing. Car l'entreprise "n'est" que si elle est crédible : vis-à-vis des ses fournisseurs, de ses clients, de ses actionnaires. L'entreprise du troisième type [3] est, elle aussi, l'entreprise intelligente, son management est devenu "souple", ses plans "adaptables", sa stratégie, la

1. BIPE (Bureau d'Informations et de Prévisions Economiques).
2. Pierre Caspar, Christine Afriat, *L'investissement intellectuel*, 1988, CPE-Economica.
3. Hervé Serieyx, *L'entreprise du troisième type*, Seuil, Paris.

séduction. Ses leaders sont jugés sur leur audience, sur leur capacité de négocier, de "vendre". Pour les recruter, les tests classiques paraissent tellement inadaptés que de plus en plus de firmes et non des moindres ont recours à l'astrologie, la chiromancie, la morphologie, en espérant détecter la face cachée de leurs talents. L'irrationnel entre dans l'entreprise. Les séminaires de créativité mobilisent le conscient et l'inconscient : on cherche à produire des idées en série.

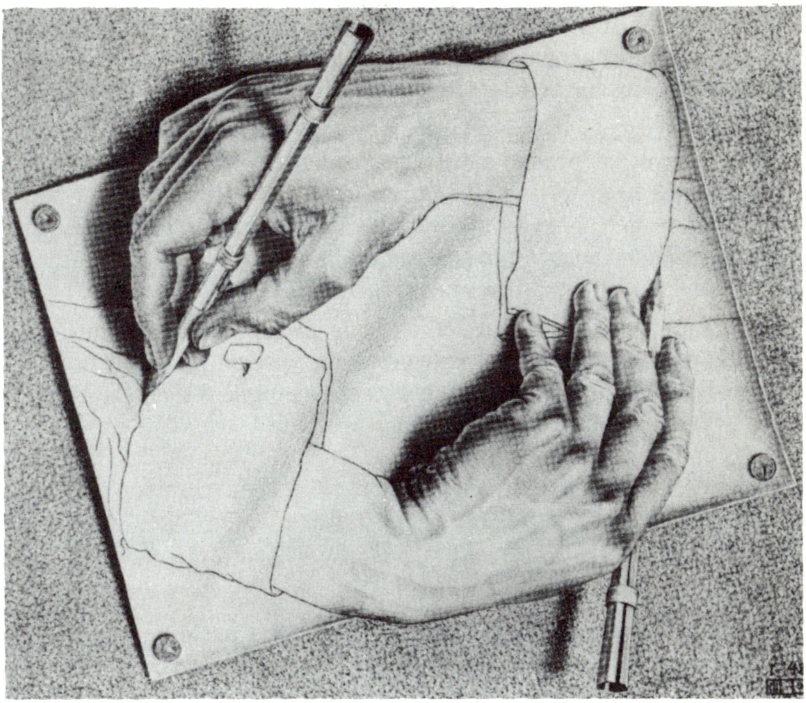

FIGURE 135. Mains dessinant, *de M. C. Escher (lithographie, 1948).*

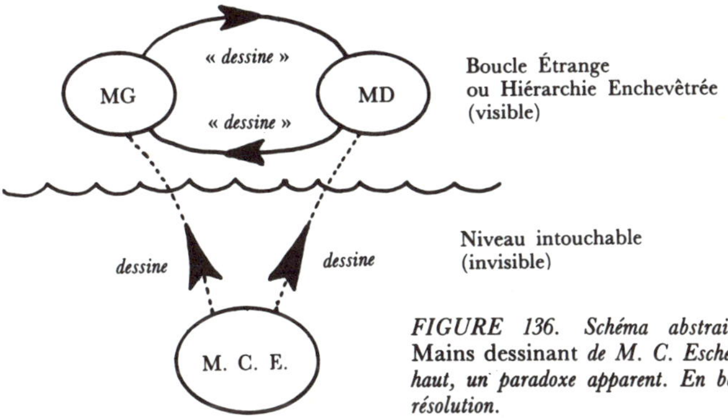

FIGURE 136. Schéma abstrait des Mains dessinant *de M. C. Escher. En haut, un paradoxe apparent. En bas, sa résolution.*

Que le spectacle commence

Profusion des signes, des artifices, des produits de synthèse, des images et des sons, des langages, contraction de l'espace, du temps. L'essence de la technique **c'est l'art de l'illusion**. Elle se réfère au spectacle, à la persuasion. Pour la première fois cette année, les français ont davantage regardé la télévision qu'il n'ont travaillé. Les nouveaux médiateurs sont des hommes spectacle d'Yves Montand à Coluche... et les hommes politiques sont obligés de devenir des acteurs. La publicité nous fait acheter des concepts, la jeunesse, la beauté, la douceur, la force tranquille, pas des crèmes, des masques, des lainages, un président.

Les hommes, les produits doivent désormais prendre position dans les esprits. Ils le font, de façon durable : c'est la coccinelle Volkswagen, le Rolley flex, c'est Coluche, Bernard Tapie, Bob Gelldorf qui fit courir la planète pour venir en aide à l'Ethiopie, menacée de famine. Ils conquièrent une place dans notre imaginaire .

On est passé de l'exploitation de la nature à l'exploitation du mental et du sentimental, avec les dangers que peut représenter l'exploitation stricto sensu et les possibles de l'intelligence. La nouvelle richesse, le nouveau territoire social après la terre et le capital , est dans le coeur, l'esprit des hommes.

Repenser la pensée

Chaque métamorphose que nous avons étudiée s'est accompagnée d'un basculement du pouvoir et d'une libération partielle de l'homme. L'essence de la nature humaine, qui est le déploiement de la rationalité, se réalise ainsi petit à petit. Et chaque fois au détriment d'une certaine conception du pouvoir, devenue archaïque, donc irrationnelle.

Au coeur du quotidien, on perçoit constamment cette tension entre le Pouvoir, libido dominandi, enracinée dans la patrimoine génétique des espèces, rappelant en permanence l'homme à son animalité, et la Raison qui est d'abord reconnaissance de la liberté, c'est-à-dire refus d'exercer une contrainte, sauf au nom de la logique et de la cohérence.

Les conceptions archaïques du pouvoir flattent l'instinct de domination. Elles se lisent dans les comportements. C'est comme une sorte d'ébriété, un manque de retenue. On prend des décisions sur un coin de table, on accorde de l'importance aux formes plus qu'au fond, on n'écoute plus que ce que l'on a envie d'entendre ; A tous les niveaux, dans les institutions, se constituent ici et là, de petites cours aux moeurs caricaturales.

La rationalité est plus difficile, car elle demande un travail. La mise en cohérence en effet, résulte nécessairement d'une maturation, où ce qui était livré à l'immédiateté instinctive consent à passer par le transformateur du langage. C'est d'abord, comme au temps de la cité grecque, une mise en délibération.

Ainsi, la métamorphose atteint simultanément trois pôles : la technique, déterminant les conditions objectives de la survie ; le pouvoir, ou plus généralement les règles du jeu social [1] ; enfin le statut de la connaissance, autrement dit l'idée qu'on partage de la raison humaine.

Plus précisément elle se présente sous la forme d'une tension conflictuelle entre le pôle du pouvoir, dans le champ de l'affectif, et celui de la raison, dans le champ intellectuel, abstrait, conceptuel. On rejoint ici le projet fondateur de la philosophie. Il y a 2 500 ans ; faire émerger ce qui est en commun à tous les hommes – la raison, les concepts – par delà ce qui anime leurs intérêts particuliers, tribaux ou institutionnels.

On peut se demander pourquoi, dès lors que ce programme était clairement établi, il n'a pu se réaliser que très lentement, par paliers, à la suite d'affrontements qui ont causé des millions de morts.

Un début d'explication se trouve, nous semble-t-il, dans les sciences cognitives, aujourd'hui investies de la tâche centrale : repenser la pensée. La phénomènologie de l'apprentissage proposée par Dreyfus sur l'exemple du conducteur d'automobile dit que plus un expert devient expert, moins il peut expliciter le pourquoi de ce qu'il fait. L'apprentissage consisterait donc à faire passer le savoir faire du conscient vers l'inconscient, de l'explicite à l'instinctif. La capacité d'apprendre, est aussi celle, proprement humaine, de se construire si l'on peut dire des instincts artificiels, à la fois codes de comportement et faculté d'anticiper les situations. Les automaticiens, fascinés par la complexité des gestes les plus quotidiens, disent que le feed back (correction des écarts) se transforme en feed forward (anticipation). Autrement dit, c'est à partir du moment où le sujet arrive à rêver ce qu'il va faire qu'il connaît (co-naître = naître ensemble) ce qu'il fait.

Le savoir enfoui dans l'inconscient peut se transmettre d'une génération à l'autre par l'environnement familial et l'éducation. Il se construit en effet par un échange approprié de stimuli-réponses qui exigent plus ou moins consciemment de l'enfant les réactions attendues.

Dès lors, on comprend bien comment, face aux grandes métamorphoses, des populations entières peuvent se retrouver avec, imprimés dans l'inconscient, des reflexes décalés, parce qu'hérités de situations anciennes. Ces reflexes concernent les règles du jeu – implicites – des relations humaines, et, en particulier, celles du pouvoir. De telle sorte

1. Sur le sens précis à donner à ce terme "règle du jeu", on peut consulter Homo Ludens de Huizinga (Gallimard) et les publications de l'Ecole de Palo Alto (Seuil) telles que "sur l'interaction" ou "le langage du changement".

qu'après chaque rupture, la nouvelle situation objective est abordée avec des règles perpétuées de l'ancienne. Et faire repasser par le langage et la délibération ce qui avait été intégré, enfoui est ainsi ressenti comme un danger, une atteinte à l'identité. Alors celui qui se sent atteint dans son être même préfère aller au combat. La négociation paraît impossible avec quelqu'un qui vous nie.

T.S. Kuhn fait observer qu'il faut souvent attendre que des caciques prennent leur retraite pour que de nouveaux paradigmes scientifiques, même clairement établis, puissent enfin s'imposer. Il en est de même pour les innovations comportementales. Le jeu du pouvoir est, en règle générale, en retard d'une génération sur la situation qu'il prétend gérer.

Avant le départ aux croisades, l'idéal chevaleresque s'inspire d'exploits violents. La chanson de Roland hantait les esprits. On rêvait de coups d'épée à fendre les rochers, de boyaux éventrés, de crânes fracassés d'où la cervelle jaillit, d'exploits héroïques où le blessé, toujours vivant, titubant, l'arme à la main, combat jusqu'à la mort.

Le Roi Renaud de guerre revint
Portant ses tripes dans ses mains

Les récits de l'époque décrivent cette ivresse presqu'avec jubilation, comme si la vie la plus intense se trouvait aux moments qui précèdent sa fin. Alors l'Eglise, voyant s'installer une agriculture paisible, a protégé la sécurité de tous en expédiant cette soldatesque s'"éclater", comme on dit maintenant, en terre Sainte.

Avant la révolution française, la noblesse, tel d'Artagnan, continuait à se battre en duel. Quand ce n'était pas à l'arme blanche, c'était avec des "petites phrases" (qu'affectionnent encore aujourd'hui les hommes politiques), selon les codes de la vie de cour [1]. Comportement inadapté à l'industrie naissante, à qui il fallait de la rationalité, du calcul, des ingénieurs.

Actuellement, alors que l'imaginaire et la création sont les nouveaux territoires à conquérir, les règles du jeu du pouvoir restent empreintes de la tristesse uniforme et mobilisatrice du taylorisme, avec un reste de flatterie courtisane [2].

Mais, cette fois, le changement est radical, il contient tous les autres. En effet, l'imaginaire est précisément le lieu par où s'inscrivent les connaissances et s'effectuent les apprentissages. Il en résulte que la question centrale contemporaine est justement la mise en délibération de cette prise de connaissance, autrement dit les sciences cognitives. Il faut repenser la pensée.

1. Norbert Elias, *La société de cour*, Champs Flammarion, Paris.
2. Mike Burke, *A chacun son style d'entreprise*, Interéditions, Paris.

TROISIÈME PARTIE

Présence et absences du futur

Le parcours à travers les métamorphoses du passé est une invitation à changer de point de vue sur le présent et le futur.

Ce sont à la fois les règles du jeu et les représentations du réel qui se transforment. Mais s'il est facile d'admettre que les anciennes sont dépassées, il est plus difficile d'en accepter de nouvelles quand elles traversent les habitudes de pensée les mieux enracinées. Ce que nous proposons ici a été mûri par un travail de plus d'une dizaine d'années. Il est temps de l'exprimer, mais on ne peut espérer que ce soit immédiatement acceptable. Quelques uns y trouveront des clefs dont ils ont besoin. Beaucoup d'autres seront réticents, et les nouvelles grilles de lecture ne s'imposeront que progressivement, d'abord par un lent mouvement souterrain.

Si l'on voulait résumer en une phrase le contenu de ce livre, ce serait :

"L'espace mental devient un territoire social"

Avant d'en tirer les conséquences, rappelons le sens de cette formule : on peut décrire l'histoire des espèces par la manière dont elles occupent leur niche écologique, autrement dit les modalités selon lesquelles les petites collectivités (la famille, la tribu...) s'approprient un territoire, l'exploitent et se perpétuent à ses dépens.

A cet égard, l'interprétation vulgarisée des constats de Darwin, le "struggle for life" ou la survie pour le plus apte n'est que le degré zéro de ce qui est en jeu. Les ethologistes modernes, face à cette vision grossière et brutale, manger ou être mangé, ont décrit toute la subtilité des relations, mêmes prédatrices, entre les animaux. Le chasseur ménage sa proie, l'éleveur prend soin de son bétail, et l'agriculteur de ses récoltes. Même si l'un mange l'autre, il ne le détruit pas. Bien au contraire, la loi de l'évolution est un accroissement de la complexité et de la subtilité de la relation entre les espèces. C'est en quelque sorte, un immense processus d'apprentissage et de création. D'où l'idée de lire les choses du vivant et les choses humaines, y compris les conflit, comme des phénomènes cognitifs.

Cela est d'autant plus naturel aujourd'hui qu'après un territoire social agricole, servant de base à une organisation féodale, la révolution industrielle a connu le partage et l'appropriation du capital. Enfin nous arrivons à un territoire abstrait, le mental, dans l'esprit des hommes, avec ses modes de conquête (la persuasion) et d'appropriation particuliers. Or, dans ce territoire là, le processus cognitif joue précisément le rôle central.

Afin d'éviter les confusions, il faudrait d'abord poser une phénoménologie de la cognition. De la sorte, en ayant cerné ce que l'on comprend dans le verbe connaître, on pourrait ensuite transposer à d'autres champs et bien saisir en quoi l'approche cognitive offre un regard nouveau et permet la résolution élégante de lancinantes questions.

Malheureusement cette phénoménologie n'a pas été encore établie. Il faudra nous contenter pour l'instant de vues approximatives, voire d'entr'aperçus intuitifs :

1. Les processus cognitifs évoluent par paliers, c'est-à-dire de manière discontinue, par destabilisations successives. La dynamique de ces déstabilisations suit des courbes en S, caractéristiques des phénomènes du vivant.

2. Les processus cognitifs sont conflictuels. Ils résultent de la confrontation entre des représentations mentales et des réalités expérimentales.

3. Plus une connaissance progresse, moins elle est explicitable sous forme de règles, et plus elle fonctionne dans l'inconscient, sous forme d'"allant de soi" [1] de la vie quotidienne.

4. A chaque époque, dans chaque collectivité, il y a donc des mécanismes de reconnaissance, plus ou moins enfouis, qui acceptent, rejettent, valident et donnent sens aux informations et aux situations qui se présentent. C'est ce qu'on appelle le statut de la connaissance en vigueur. C'est lui qui évolue par paliers, à l'occasion de confrontations conflictuelles avec l'expérience.

Aujourd'hui réaffirmer le principe de réalité revient à rappeler la nécessité de cette confrontation. En d'autres termes c'est dire que la reconnaissance précède la connaissance [2].

Avec ces éléments simples, nous allons aborder successivement trois champs : le conflit, le tiers monde, l'économie.

1. T. Gaudin, Philosophie de l'innovation, Cohérence-Sophon, Strasbourg, 1987.
2. Voir Garfinkel : Studies in ethnomethodology (en anglais disponible chez Yves Lecerf).

CHAPITRE 1

Connaissance du conflit, conflit de la connaissance

"Le conflit est le père de toute chose, de tous le roi," disait Héraclite. L'histoire de l'espèce humaine peut être décrite par ses conflits. Elle l'a souvent été, bien que les hommes passent beaucoup de temps à d'autres activités plus quotidiennes telles que produire, consommer, éduquer les enfants... Mais le conflit attire l'attention, car il remet en question le reste, il présente un caractère décisif. C'est le moment critique où le destin est suspendu. De son issue dépend que de nouvelles règles du jeu supplantent ou non les anciennes.

Le conflit n'est pas que destructeur. C'est une destruction créatrice, pour reprendre l'expression que Schumpeter a illustré en économie. Le principe de destruction créatrice est à l'oeuvre dans tout ce qui vit, en opposition dialectique avec le principe de préservation de l'existant [1]. On ne peut pas dire que l'un soit mauvais et l'autre bon ; ils sont tous les deux aussi nécessaires l'un que l'autre au déploiement du vivant.

Ce qui nous intéresse ici, ce n'est pas le nom du vainqueur, mais l'enseignement résultant du conflit. Autrement dit l'évolution des règles du jeu. Loin de voir dans l'histoire "un conte absurde plein de bruit et de fureur", nous y trouvons au contraire une lente montée, par paliers, vers la connaissance et ceci, par la voie du conflit , autrement dit un processus cognitif conflictuel.

Les combattants s'éloignent les uns des autres. Après la bataille à main nue, les armes de jet, et les projectiles, les missiles. Ils interposent entre eux la technologie la plus sophistiquée disponible à chaque époque, aussi bien du côté du vecteur que de celui du bouclier, devenu maintenant électronique, en attendant la surveillance universelle par

1. Carlo Suarès, la bible restituée, Cohérence-Sophon, Strasbourg.

satellite et les armes à faisceau dirigé de l'I.D.S. L'intellectualisation et la complexité des techniques guerrières sont toujours les plus avancées.

Le champ de bataille change de nature, l'appropriation de la terre laisse place à celle du capital, puis à la maîtrise des technologies et, plus généralement, de la crédibilité. A la guerre militaire, succède la guerre économique, puis la guerre médiatique.

Chaque fois, le territoire devient plus abstrait, plus insaisissable, et les règles du jeu plus subtiles. La tendance à remplacer l'affrontement direct et meurtrier par des jeux conventionnels et raffinés se retrouve à toutes les époques. Huizinga [1] fait observer combien l'invention du tournoi constituait un progrès dans l'ordre de la civilisation, permettant de canaliser l'aggressivité des chevaliers, qui se seraient autrement dépensée en pillages ou affrontements stériles et coûteux entre bandes armées, et de satisfaire en même temps leur besoin d'impressionner.

Face à ce mouvement de codification du conflit se trouve toujours quelque danger de barbarie. On appelle en l'occurrence barbares des individus qui, ignorant la subtilité des règles en vigueur, lancent des offensives destructrices faisant apparaître que ces règles, précisément, étaient devenues trop irréelles pour être efficaces. Ils imposent donc un réajustement réaliste des modalités du conflit, évadé dans des espaces formels chimériques. Lorsque qu'une entreprise passe sous le contrôle d'une autre et doit se plier à de nouvelles règles, on y ressent cette impression d'avoir à faire à des barbares ignorant le savoir vivre et jusqu'aux coutumes quasi sacrées de la maison. Aussi ne doit-on pas considérer que le raffinement des usages est nécessairement un "progrès". Ce n'est souvent que l'interposition entre les acteurs de conventions qui ont pour effet de préserver une certaine forme de confort, laquelle se trouve remise en cause face à d'autres façons de faire plus expéditives.

C'est en interprêtant le conflit comme le moment d'un processus cognitif que l'on peut mieux comprendre la nature profonde des affrontements actuels. D'abord en ce qui concerne l'enjeu : la guerre de 14 a été le dernier grand sacrifice à la terre. On avançait, mètre après mètre dans des tranchées pour défendre et reconquérir des arpents de terre sacrée. Les image de Verdun ou le sang des hommes se mélait à la boue, dans un paysage lunaire à force d'être dévasté, le démontrent avec éclat.

La guerre de 40 présente déjà un caractère ethnique et religieux plus marqué, puisque c'est, si l'on en croit le début de "Mein Kampf", au nom de l'unité du peuple allemand qu'Hitler annexe l'Autriche, et pour lui donner un "espace vital" qu'il se lance ensuite dans la guerre des

1. Huizinga, *Homo Ludens*, Gallimard, Paris.

conquêtes qui le mène à sa perte. A l'absurde de la guerre fraticide, il ajoute alors l'infamie du génocide industrialisé. Le terme de "solution finale" montre à quelles extrémités mène le reflexe archaïque de repli d'une communauté sur elle-même, refusant l'Autre et la Complexité.

Depuis la fin de la seconde guerre mondiale, la présence de l'arme nucléaire oblige à redéfinir les règles du conflit, et force à s'interroger sur son essence même. S'il n'était que destruction, sa conséquence serait en effet l'anéantissement des belligérants, assaillants compris. Les auteurs des traités de stratégie, de Sun Tsu à Clausewitz, ne s'y sont pas trompés. Pour eux, détruire n'est qu'un moyen de convaincre l'ennemi qu'il est vaincu, le véritable but est de l'ordre de la persuasion. C'est bien une action sur le mental. Dès lors, l'arme nucléaire a pour fonction de dissuader. Son rôle est de répandre la terreur sans même être utilisée. D'où la nécessité de bâtir autour d'elle toute une mise en scène destinée à rappeler son existence, à créer l'événement sans pour autant appuyer sur le bouton fatal. Qui ne s'est, une fois ou l'autre, interrogé sur la signification de ces gesticulations étranges : les négociations SALT, la poursuite ou l'arrêt des essais, le déploiement puis le retrait des missiles, à longue, moyenne, ou courte portée ? Tout cela semble presque irréel et cependant il s'agit de la chose la plus essentielle qui soit au regard de notre analyse : la transformation d'une violence en langage. L'obligation des belligérants potentiels à s'assoir autour d'une table pour transformer une menace réelle en gestes symboliques. De telle sorte que, apprenant à se connaître mutuellement dans la négociation, les partenaires en arrivent peu à peu à élaborer un langage commun destiné à s'imposer à la planète entière.

On ne peut tirer de conclusion excessivement optimiste de cette situation. Le risque d'utilisation de l'arme atomique, au moins sous sa forme tactique limitée, reste important dans les décennies à venir, même si, actuellement, les affrontements ne font que peu de morts chez les pays détenteurs. La connaissance peut-elle s'acquérir sans passage à l'acte ? la question reste ouverte. On espère qu'elle le restera encore longtemps.

Vis-à-vis des puissances nucléaires, le reste du monde paraît peuplé d'Etats de second rang, obligés de conclure avec les premiers des sortes de liens de vassalité. Et comme le problème des grandes puissances est aussi de rester dissuasives, c'est-à-dire de paraître belliqueuses sans pour autant entrer en guerre, les affrontements se produisent par vassaux interposés, avec des engagements essentiellement limités des tuteurs, démontrant leur retenue en même temps que leur force.

Pendant les années 80, le niveau de complexité s'est encore accru. Il était clair jusqu'alors que les vrais belligérants étaient des Etats-nations. Sans doute, les pays de l'Est se réclamaient d'un objectif planétaire, celui de propager la révolution libératrice prolétarienne.

Mais, derrière les différents mouvements révolutionnaires, où qu'ils soient, chacun reconnaissait "la main de Moscou", et même sa signature, la célèbre kalachnikoff que les combattants portaient en bandoulière et qui n'était manifestement pas arrivée là par hasard.

Depuis l'époque achéménide, où Zoroastre persuadait Cyrus de laisser la vie sauve aux cités conquises, au lieu de faire de grands tas avec les têtes des ennemis, la plupart des conquérants ont cherché à paraître, au moins au début, des libérateurs [1]. Parmi d'autres, le cas du Cambodge montre combien cette "libération" reste relative et limitée dans le temps.

La perturbation de ce jeu, qui finissait par devenir rituel, a été apportée par la réapparition de thèmes religieux, parmi lesquels l'intégrisme iranien, aussi gênant pour l'Est que pour l'Ouest. Ce n'est pas une nouveauté, puisqu'au temps des croisades, les Chiites, déjà basés en Perse, se signalaient par leur aggressivité et l'utilisation du terrorisme. La secte chiite des Assassins entraînait des tueurs dans ses monastères, drogués au Haschich (d'où leur nom "Haschechin") et menaçait par ce moyen les puissants de l'époque [2].

Alors qu'un Etat apparaît surtout comme le défenseur des intérêts de ses ressortissants, la religion introduit une autre dimension, qui prétend exiger le sacrifice des individus, au nom d'une transcendance. Aussi, quelles que soient les forces matérielles, la présence, ou plutôt la résurgence du religieux, même sous une forme archaïque, ne peut être négligée. Elle constitue en effet une tentative de reprendre place dans l'esprit des hommes, que les moyens modernes de communication démultiplient puissamment.

Les prises d'otages et les actes terroristes ouvrent l'époque de la guerre médiatique. Avec très peu de morts, ils arrivent à occuper une place considérable dans les médias, excitant autant de passions que le ferait un "vrai" conflit. Et l'on voit les mêmes ayatollah envoyer en masse des jeunes à la mort contre l'Irak, et jouer avec raffinement sur la vie des quelques otages occidentaux, mettant en difficulté des gouvernements, même détenteurs de la foudre nucléaire.

La présence du religieux oblige les différents partenaires à se positionner plus clairement sur la nature de leurs enjeux, voire sur leur être même. Car en effet, l'Etat-nation, lieu de la souveraineté reconnu par le droit international, se trouve de fait contesté voire débordé par d'autres entités puisant leur légitimité à d'autres sources. En fait, il n'y a que trois grandes catégories d'êtres collectifs en mesure de revendiquer une souveraineté.

1. "Lorsque j'entrai à Babylone (en 539), sans aucune bataille, le peuple célébra mon arrivée avec des réjouissances... Je ne permis aucune violence sur la population de la ville et du pays (Paul Du Breuil, *Zarathoustra* , Payot, p. 184).
2. Zoé Oldenbourg, *Les croisades*, Gallimard, Paris, p. 208.

La première se place d'un point de vue ethnique. Les basques, les kurdes ou les tamouls s'inspirent tous d'une conception tribale élargie, selon laquelle ceux qui procèdent d'un même sang et partagent une même culture doivent pouvoir s'organiser souverainement, en tant que nation.

La seconde s'appuie sur un argument d'efficacité. Les entreprises multinationales revendiquent une souveraineté propre, du fait qu'elles sont des opérateurs et entendent pouvoir mener leurs actions avec continuité et fiabilité, à l'abri des mouvements d'humeur des politiques.

La troisième se fonde dans une métaphysique. Ce sont les mouvements religieux et les partis internationalistes. De toute façon, même derrière les deux premières catégories, se trouve nécessairement une position, un principe qui définit au nom de quoi la souveraineté est revendiquée : l'efficacité économique pour les entreprises, la solidarité ethnique ou nationale pour les entités politiques. Quoi de plus dérangeant pour les unes et les autres que celui qui se réclame de Dieu ? Comment lui répondre, si ce n'est en se plaçant sur le même plan, avec un argument métaphysique ?

Or, cet argument existe, le voici : Depuis le siècle des lumières, le pouvoir temporel n'est plus, en Europe, de droit divin. Il est exercé au nom de l'Homme, référence posée comme suprême. Ce n'est pas parce que "Dieu est mort" (Nietsche), mais parce que la hiérarchie entre Dieu et l'Homme s'est inversée. Dieu existe toujours, mais il n'est plus au-dessus de l'homme, il est au dedans, et on l'atteint chaque fois qu'un homme est frappé dans son humanité. Telle est la signification profonde de la déclaration des droits de l'homme. Ce qui est moins évident, les esprits étant encore quelque peu embrumés d'une religiosité archaïque, c'est que ces droits de l'homme, partout où ils ont été, même approximativement, respectés, ont ouvert une époque extraordinaire de création et de prospérité. Quel rapport, dira-t-on, entre le développement économique et cette question. N'allez vous pas chercher bien loin vos arguments ? Pas du tout, car en protégeant l'individu contre les puissants, ils permettent l'éclosion de l'innovation, qui dérange, et que les intérêts en place essaient, par tous les moyens, de tuer dans l'oeuf. C'est d'ailleurs parce qu'ils n'ont pas compris ce rapport profond entre les droits de l'homme et la puissance économique que les pays théocratiques croient qu'ils peuvent encore gagner. Quand aux pays de l'Est, ils sont en train d'en mesurer la portée avec retard et s'apprêtent à secouer leur bureaucratie comme un vieux vêtement usagé. Car, si l'installation du communisme se fait bien au nom de la liberté de l'homme, elle est en effet immédiatement suivie de la sacralisation du Parti, qui récupère le rôle de l'institution cléricale gardienne des principes, c'est-à-dire de l'Eglise. Ainsi peut-on comprendre que les partis communistes s'épanouissent d'autant mieux dans les contrées où l'Eglise a été forte.

Les reflexes anciens subsistent, transférés sur une autre institution. Après quoi, deux générations sont nécessaires pour qu'apparaisse le décalage des comportements, la contradiction entre la sacralisation d'une institution, quelle qu'elle soit, et les droits de l'homme.

Donc, l'enjeu de tous ces conflits est toujours le même : c'est celui posé il y a deux millénaires et demi par les philosophes. Celui de l'accomplissement de l'Homme, c'est-à-dire de la raison humaine, comme maître de soi et, par conséquent maître des dieux qui l'habitent. Dès lors que les Dieux sont intérieurs à l'homme et non plus extérieurs comme par le passé, cette maîtrise devient un horizon concevable et, au prix d'efforts considérables, accessible.

Que le mental devienne un territoire exacerbe cet enjeu. Les représentations mythiques et symboliques sont réactivées par la médiatisation, et la raison chancelle parfois, non préparée aux offensives subliminales dont l'esprit est l'objet. Mais c'est là aussi la condition – il faut qu'il y ait conflit – pour qu'elle se saisisse de cette "irrationnel" pour le maîtriser par une rationalité d'ordre supérieur.

Si le passage par une phase de guerre de religion apparaît comme une conséquence des techniques modernes de communication, démultiplicatrices des prophètes et des martyrs, la question de l'identité des belligérants reste néanmoins ouverte au niveau concret et quotidien.

Qu'est-ce qu'une nation, la France, par exemple ? Dans un système agraire, c'est une emprise territoriale ; dans un contexte industriel ce sont aussi des intérêts stratégiques ; l'accès aux approvisionnements en énergie et en matières premières (pour lesquels on envoie des bâteaux dans le Golfe Persique), la sauvegarde des ressortissants opérant à l'étranger. Dans l'empire des signes, la France est non seulement un être concret, avec ses intérêts, mais aussi un opérateur dans l'espace des informations – voire par exemple le débat sur le rôle et le coût de l'AFP en 1986 – Enfin un messager culturel, illustrant cette phrase d'André Malraux "la France n'est vraiment elle-même que lorsqu'elle a quelque chose à dire au monde". Et cela se traduit concrètement par des organisations : l'alliance française, les lycées français à l'étranger, la circulation mondiale des chercheurs, des artistes, des intellectuels porteurs de sa culture. Dans cette optique, la francophonie est un enjeu central. La présence dans le Pacifique se pose de manière caractéristique sous ces trois aspects : le plus ancien, l'emprise territoriale, puis les intérêts économiques et stratégiques, enfin celui qui est sans doute le plus important pour l'avenir : la présence culturelle.

Selon la position philosophique que l'on prend pour définir l'identité de la France, les conséquences diffèrent radicalement. Si on la définit de manière ethnique, l'appartenance à une communauté pour elle-même, alors pourquoi ne pas prendre en compte sur le même plan des sous communautés territoriales ? Les basques, les corses, ou les bretons, ou supranationales – l'Europe – ou encore des sous ensembles définis par leur origine raciale ou leurs intérêts particuliers. De ce fait, on légitime la fermeture de toute communauté sur soi et le reflexe d'exclusion, jusqu'au racisme.

Si on la définit comme un opérateur international dans le champ économique, politique, militaire, une puissance en expansion qui se nourrirait d'elle-même, ayant pour principe directeur l'efficacité, c'est au contraire l'ouverture mondiale systématique, au point qu'il sera vite difficile de distinguer, dans le réseau complexe des affaires et des intéractions ce qui est spécifiquement français de ce qui ne l'est pas. Au lieu d'être morcelée comme dans l'optique précédente, l'identité sera diluée.

Seule une définition se référant à un principe philosophique clair et spécifique donne la cohérence nécessaire à une identité présente dans le mental, capable de faire signe dans le monde. Fernand Braudel[1] l'a rappelé, la France, à l'extrême Ouest de l'Europe continentale, a subi tant d'invasions et de mélanges que sa spécificité est précisément de penser et de vivre ce qu'il y a en commun à toutes les communautés qui l'habitent : L'homme et sa raison. C'est le pays des droits de l'homme. Son rôle historique est de les propager, de faire triompher la raison dans le monde entier.

Dans le contexte post-moderne, on ne peut plus se définir par un territoire, comme on le faisait à l'époque où la terre était la base de la survie. Le grand sacrifice à la terre sacrée que fut la guerre de 14 était déjà en retard d'un système technique. Le scandale quand on apprit que certains fabricants d'armes fournissaient les deux camps n'en était pas un, mais seulement l'apparition, dans le champ du conflit, du système industriel avec sa logique. Qui s'étonne maintenant que les mêmes fournisseurs approvisionnent des adversaires ? Mais déjà se profile un système plus élaboré où les opérateurs dominants ne se battent plus. Ils contrôlent la situation par la surveillance (les satellites et les avions Awacs) et la régulent en modulant les livraisons d'armes et de pièces de rechange.

Par rapport à l'émouvante sincérité, aux élans vertueux, aux sacrifices combattants, cela peut sembler diabolique. C'est néanmoins une nouvelle emprise de la raison sur la passion, de l'homme sur ces dieux qui l'habitent. Les arts martiaux enseignent à vaincre sans combattre. N'est-ce pas précisément le cas ? Piloter un conflit par le calcul, c'est établir sa suprématie sur les belligérants, sans combattre soi-même. Le caractère du nouveau système technique apparaît ici clairement, en même temps que sa "supériorité" par rapport à l'ancien. Il se déplace dans l'univers des signes, des informations, du calcul. Il ne

1. Fernand Braudel, *L'identité de la France*, Arthaud Flammarion, Paris.

fait usage de la force matérielle que le moins possible, ce qui est juste nécessaire pour démontrer et persuader ; et encore, c'est souvent par personne interposée.

Ainsi, à tous les niveaux la guerre se redéfinit dans l'espace des signes. Sur le plan technique (la surveillance par satellite, le guidage des missiles) sur le plan relationnel (la dissuasion, le terrorisme) et, enfin sur le plan conceptuel, car, lorsqu'on y regarde de près, l'identité des belligérants se redéfinit désormais dans un espace abstrait. Ce n'est plus, comme l'imaginait le général Gallois, le maître des terres contre le maître des mers, mais le maître de la monnaie contre le maître de l'idéologie pendant que le maître des signes, trompant la vigilance des autres, conquiert discrètement les nouvelles formes de pilotage économique. Affrontement planétaire, avec sous jacent un autre schéma : les combats entre des maîtres de la foi, régulés, et donc dominés par l'alliance objective des serviteurs obligés (à cause de l'arme nucléaire) de la raison.

CHAPITRE 2

Le tiers monde connaissance et reconnaissance

Il n'y a pas aujourd'hui de question qui suscite davantage de malentendus et recouvre davantage de sous-entendus que celle des rapports entre les pays développés et les pays en voie de développement. Pour comprendre qu'il s'agit d'écarts entre des paliers d'un processus cognitif planétaire, il faut d'abord en parler, donc dire les choses qui seront jugées peut-être indécentes.

Dans le monde bien pensant deux thèses sont en présence :

Thèse n° 1 : Les pays en voie de développement doivent être amenés, au moyen de toutes sortes de pressions, économiques, politiques, sociales, à adopter le plus rapidement possible la technologie moderne, de manière à rejoindre les autres sur le plan du niveau de vie et de la productivité. C'est la thèse de l'imitation.

Thèse n° 2 : Elle s'oppose à la précédente, revendique le droit à la différence et pose un principe de non ingérence des pays développés, qui doivent avant tout respecter l'identité culturelle et les formes d'organisation locales.

La difficulté, avec ces deux thèses, est qu'elles contiennent l'une et l'autre le verbe "devoir". Elles sont normatives avant d'être objectives. En fait, ce sont des discours dont le but est de satisfaire celui qui les prononce.

Sous la pression de la bonne conscience, on en arrive à gommer les faits. La propagation d'un système technique nouveau s'accompagne de ce que Robert Jaulin a appelé un ethnocide [1]. Robert Gessain, dans son

1. Robert Jaulin, *La paix blanche*, 10/18, Paris.
Robert Gessain, *Amassalik ou la civilisation obligatoire*, Flammarion, Paris.

analyse des Amassalimiut du Groenland, le montre sur l'exemple d'un objet apparemment anodin : le couteau. Pour cette population, la fabrication des kayaks est un savoir-faire vital. L'alimentation, les déplacements en dépendent. Savoit tailler dans l'os de phoque l'outil capable de couper les peaux est donc essentiel.

L'apparition du couteau occidental, obtenu facilement en échange de quelques peaux de phoque, destructure en quelques années l'équilibre. Le savoir-faire ancien est d'abord dévalorisé, puis non retransmis et, finalement, oublié. Dès lors un circuit de dépendance se crée, permettant au vendeur du couteau de monter ses prix. Des tensions apparaissent entre jeunes et vieux. Un processus de vassalisation économique s'installe, après destruction de l'autonomie.

Actuellement, la quasi totalité de la planète est reliée par de telles interdépendances. Les pirogues d'amazonie ont des moteurs hors bord, ce qui n'empêche aucunement leurs détenteurs de perpétuer leurs danses rituelles.

La vassalisation, à mesure qu'elle progresse, s'accompagne de mouvements financiers, en proportion de l'intérêt que suscitent les ressources naturelles ou les bas salaires locaux. La dette des pays en voie de développement a dépassé les 1000 milliards de dollars[1] (38 % des PNB en 1985), l'ordre de grandeur des dépenses annuelles mondiales d'armement.

L'aide des pays riches, rachat marginal de la bonne conscience, atteint seulement 30 milliards de dollars. A chaque époque, la classe dirigeante utilise ses surplus financiers d'une manière différente, en résonance avec le style de vie et les valeurs du temps. Dans la société de cour, on dépensait des fortunes pour ses habits, ce qui est cohérent avec l'idée que les moments les plus importants sont ceux où l'on paraît devant le Roi. Au siècle des lumières, commence la vie de salon. En conséquence, on investit dans les meubles et les hotels particuliers. Cette orientation se poursuivra pendant toute la révolution industrielle. Aujourd'hui, qu'en est-il ? Pour caricaturer, les surplus des particuliers des pays développés servent à acheter des yachts ou à aménager des maisons de campagne, dans lesquelles ils s'ennuient sans progéniture, et non à secourir, voire adopter les enfants pauvres abandonnés, ni même à creuser des puits dans le Sahel. La solidarité reste symbolique.

Il a été dit, très justement que, dans l'aide au développement, "les pauvres des pays riches donnent aux riches des pays pauvres".

Derrière cette formule se cache une extraordinaire complicité des classes dirigeantes, des "effendias" comme disent Lecerf et Parker[2].

1. Comme le fait remarquer Henri Rouillé d'Orfeuil, ce montant est encore plus de deux fois et demi inférieur à l'endettement des Etats-Unis - in : *Le tiers monde* - Ed. La découverte p. 112.

2. Lecerf et Parker, *Les dictatures d'intelligentzia*, PUF, *op. cit.*, p. 51.

Le système universitaire des pays riches produit en effet la classe dirigeante des pays pauvres, au moyen d'enseignements qui, déjà plutôt inadéquats et retardataires dans leur contrée d'origine, deviennent franchement surréalistes transposés au tiers monde. Cela n'empèche aucunement leurs destinataires de se retrouver propulsés à des responsabilités importantes, portant sur des questions qu'ils connaissent mal, car elles ne leur ont pas été enseignées, censés savoir ce qu'ils n'ont pas expérimenté ni fait l'effort d'acquérir. Dès lors, ils se justifient vis-à-vis de leurs compatriotes comme porteurs du modèle des pays riches (thèse n° 1) et vis-à-vis de l'étranger comme représentants de la culture locale (thèse n° 2). Les deux discours sont complémentaires. Ils ont pour effet de rendre plus confortable la situation de ces dirigeants, aux avant-postes de la culture occidentale, en décalage par rapport à leur propre pays, et souvent hors d'état de remédier concrètement à la misère qui les entoure. Pour la plupart, ce n'est pas de la technique qui leur a été enseignée, mais du discours. D'où une extraordinaire virtuosité à recouvrir la réalité du voile pudique d'un discours de circonstance, qui fait grande impression dans les assemblées internationales, et une difficulté symétrique à résoudre les problèmes concrets tel que l'approvisionnement en eau, la conservation des aliments, l'état sanitaire du bétail etc...

Néanmoins, la technique moderne pénètre dans les pays en développement d'abord par la voie des armes. Les revenus du pétrole sont recyclés en commandes militaires. Après la Corée, le Vietnam, l'Algérie, l'Angola, le Tchad, l'Iran, l'Irak, l'Afghanistan, le Liban, le Nicaragua. A l'exception des invasions de la Tchécoslovaquie et de la Hongrie, les 130 conflits recensés entre 1945 et 1985 sont tous situés dans le tiers monde[1].

Cela n'a rien de surprenant, compte tenu de ce que nous avons dit au chapître précédent. Konrad Lorenz a montré comment l'agressivité régulait les différentes espèces animales[2]. Dans l'espèce humaine, comme chez les animaux, chaque forme de vie est protégée par des comportements qui permettent l'éclosion de sa culture. Ces comportements, bien entendu, varient avec la civilisation. Supposons pour caricaturer, que l'on fournisse des pistolets mitrailleurs à des indiens d'Amazonie, dont la culture et le système technique sont cohérents avec une régulation par la chasse légère aux têtes. Du jour au lendemain, ce sport, qui ne coûtait que quelques morts, éliminait les moins aptes, faisait et défaisait les héros selon les critères locaux, se transforme en massacre. Le même comportement, facteur d'équilibre et de sélection, muni d'un autre outil, devient dévastateur.

1. Henri Rouillé d'Orfeuil, *Le tiers monde*, La découverte, *op. cit.*, p. 36.
2. Konrad Lorenz, *L'agression, Histoire naturelle du mal*, Flammarion, Paris.

Et, après que les combats sont terminés, il ne reste plus qu'une population hébétée, refusant le massacre. Au niveau de l'espèce, le résultat vaut pour toute la gamme, du javelot au missile : L'arme sélectionne ceux qui ont assez de retenue pour ne s'en servir que marginalement, comme outil d'élagage, non de destruction.

La fourniture d'armement, de la part des pays riches, est donc à l'origine d'un mécanisme de sélection darwinienne où ne survivent que ceux capables de dominer leur aggressivité. Il s'agit là d'un processus dont le coût en vies humaines peut être jugé intolérable. Cela n'autorise aucunement à se voiler la face d'un geste réprobateur. Il faut au contraire le regarder avec attention, car c'est, en cette fin du XXe siècle, un élément important, conditionnant l'avenir de l'espèce.

Avec les deux guerres mondiales, les pays développés ont payé leur tribut à l'industrialisation de la mort. D'abord le sacrifice à la terre, puis le sacrifice à la race. Le souvenir en a été fixé sur la pellicule pour que les générations futures puissent à leur tour dire : plus jamais ça.

Chaque fourniture d'armes est, si l'on raisonne au niveau de l'espèce humaine toute entière, la cause d'un processus semblable. L'agressivité correspondant aux anciens comportements s'en saisit, opère des destructions jusqu'à ce que cela soit jugé intolérable par la population restante. Alors de nouvelles règles sont instituées, exigeant plus de retenue dans l'usage des armes. Une nouvelle rationalité s'établit sur les cendres des passions anciennes. Sans doute aujourd'hui l'Irak et l'Iran sont-ils en train de vivre leur guerre de 14, dont ils sortiront épuisés, exsangues et peut-être convaincus que ce qu'il faut transmettre à leurs enfants, ce n'est pas "mourir pour Allah ", mais "plus jamais ça". Peut-on faire l'économie de telles confrontations avec la technique ? Question difficile, qui revient à dire : peut-on tirer enseignement des expériences que l'on n'a pas faites soi-même ?

Le tiers monde comprend les trois quart de la population mondiale, et 90 % des moins de 15 ans. Son taux d'illétrisme est autour de 40 %. Comment ne pas s'inquiéter, au moment où s'établit un "empire des signes" planétaire, de ce que près de la moitié de l'humanité, ne sachant pas lire, écrire et compter, ait vocation à rester exclue de la modernité, vulnérable de surcroît à l'emprise des intégrismes et des sectes.

Et si, dans les pays développés, certains, ayant regardé cette situation avec une froide logique, en avaient conclu que le remède à la surpopulation était d'armer les bras des moins instruits pour qu'ils s'entretuent ? Sinistre programme, qui répond en écho à l'échec de la tentative d'alphabétisation mondiale (UNESCO). Que personne ne se soit encore levé pour proposer que l'on reprenne en charge l'éducation des masses avec des satellites de télévision directe, et une logistique internationale à la dimension voulue montre à quel point cette thèse, bien qu'elle n'ait jamais été dite, reste présente, se nourrissant de la peur viscérale des riches face à la pauvreté. Or, aucune stratégie gagnante ne peut être fondée sur la peur. Si neuf enfant sur dix vivent dans le tiers monde, sous éduqués, alors que la démographie des pays riches s'essouffle, jusqu'à quand pourra-t-on faire comme s'ils n'existaient pas ? La meilleure manière de ne pas voir un éléphant, c'est de regarder à côté, dit un proverbe africain.

Que ce soit par le couteau, le hors bord ou le fusil, la technique moderne pénètre irréversiblement dans les lieux les plus reculés.

S'opposer à sa diffusion est illusoire. Autant essayer d'arrêter un fleuve en mettant sa main au travers du courant. Cela mène tout au plus à préserver des bribes de civilisation anciennes dans des réserves, comme on conserve les antiquités dans les musées. Et encore. Après une phase de destructuration et de dépendance, on y assiste à la reconstitution d'une capacité de négociation autonome, (le mouvement des indiens américains) et au réenracinement de certains groupes, munis des techniques modernes, dans leur ancienne culture, en compensation du grand déracinement du système urbain moderne, nouvelle babylone, perçu comme le creuset des vices, lieu de perdition.

Quoi qu'il en soit, la question du développement renvoie à celle de l'enseignement. Les écoles de pensée s'inspirant de l'économie libérale ou marxiste s'affrontent en un débat stérile, focalisé sur la gestion. La clef est l'appropriation de la technologie par la population tout entière suspendue entre autres, à la qualité, la nature, la diffusion de l'enseignement.

On connaît les échecs économiques des politiques d'inspiration marxiste (le Vietnam, l'Ethiopie) ou libérale (le Chili). Pourquoi ne pas reconnaître le succès d'une politique d'appropriation, celle de l'Inde, qui, partie d'une misère légendaire, atteint l'autosuffisance alimentaire.

La philosophie Gandhienne, bien qu'elle soit contestée, a inspiré les concepts sous jacents à cette politique. C'est en effet, dans son essence même, une recherche d'autonomie par la réappropriation, à la fois de la technique (mouvement khadi) de la spiritualité (tolérance religieuse), de la relation avec le pouvoir : la non violence n'est pas, comme on le croit souvent, un simple interdit. Le non violent ne craint plus sa propre mort ni sa propre souffrance, et peut se confronter sans peur, comme le fit Gandhi, aux matraques des policiers. Il a dépassé la violence, il maîtrise son agressivité, il a évolué dans la direction de la rationalité, comme il a été dit plus haut.

L'appropriation de la technique, dans le cas de l'armement, se produit sous contrainte, par une sorte de nécessité vitale. Celui qui ne possède pas le maniement de son arme est contre-sélectionné au combat. Puissante motivation pour apprendre à lire, au moins le mode d'emploi. Mais qu'en est-il pour les autres techniques, dont l'enjeu ne s'impose pas de manière aussi radicale ?

La seule présence d'un objet ne suffit pas à déclencher un processus d'appropriation. Comment imaginer en effet qu'une population, restée stable en harmonie avec le même système pendant des siècles, voire des millénaires, change de comportement au vu de la seule séduction d'un produit nouveau. Il faut, pour qu'elle s'en saisisse, que celui-ci s'insinue dans une fonction essentielle, comme le couteau chez les Amassalimiut. Les chinois inventèrent la pâte à papier et la poudre à canon. Ces objets auraient pu déstabiliser leur système technique, mais les résistances immunitaires, si l'on peut dire, de la société chinoise étaient telles qu'il n'en a rien été. Leur poudre n'a propulsé que des feux d'artifice.

Combien de bonnes volontés se sont usées à tenter des greffes technologiques finalement rejetées. Les papous et bien d'autres, quelque part, regardent avec ironie l'agitation de ces blancs venus leur enseigner "pour leur bien" des choses qu'ils perçoivent en définitive comme de futiles simagrées. Même si la technique moderne est destinée à s'imposer au monde entier, les faits n'autorisent pas à penser qu'elle doive le faire au premier abord. Bien au contraire, elle sert souvent à renforcer des comportements qui lui sont profondément étrangers.

Ainsi en est-il, par exemple, de l'usage des outils de communication. Voyant leur puissance messianique de démultiplication de la parole, de nombreux dirigeants ont favorisé la diffusion de téléviseurs dans le peuple et monopolisé l'émission, sous prétexte d'éduquer. D'où un renforcement du schéma en étoile, d'autant plus centralisateur que l'installation du téléphone, facteur de décentralisation, était simultanément négligée.

L'exemple de la Chine est, à cet égard, caractéristique. Le pouvoir chinois fonctionne dans une tradition centraliste millénaire, celle de la "bureaucratie céleste" qui culmina sous les Ming. Le pouvoir y a développé un art consommé d'élaborer des mots d'ordre impressionnants de justesse et d'efficacité par lesquels la classe intellectuelle française s'est parfois laissé séduire [1].

Depuis 1978, Pékin a lancé deux satellites de télévision arrosant respectivement l'est et l'ouest du pays, par lesquels il diffuse ses mots d'ordre : décentralisez-vous, créez des entreprises, soyez efficaces. "Peu importe qu'un chat soit blanc ou gris, du moment qu'il attrape des souris" dit M. Deng dans son langage imagé. Dans le même temps, l'équipement téléphonique est laissé en retard. Quatre lignes pour mille habitants, cent fois moins que les pays développés, Europe, Japon, USA. Or, comment créer des entreprises modernes, sans téléphone ? Même une épicerie de 20 mètres carrés passe les commandes,

1. Etienne Balacz, *La bureaucratie céleste*, Gallimard, Paris.

compare les prix, livre les clients à domicile, grâce au téléphone. A l'évidence, on ne prépare pas une société aux six millions de mots de l'"empire des signes", en la matraquant avec les trois cent mots qu'utilise le pouvoir, partout, quel qu'il soit.

Enfin, dirait Montesquieu, comment peut-on être chinois ?

Cette omniprésence encombrante du pouvoir est sans doute la question de fond qui se pose à la plupart des pays du tiers monde. Le déséquilibre entre les infrastructures centralisées (télévision) et en réseau (téléphone) en est une manifestation particulière. Une autre plus directement significative est le non respect des droits de l'homme.

Manifestant l'évidence du décalage de comportements, en retard sur les nécessités de l'époque, le pouvoir fonctionne encore comme au temps de Machiavel et, prolongé par un appareil bureaucratique, il produit mécaniquement, au niveau de la population un environnement digne des romans de Kafka.

Parmi les droits de l'homme, il en est un que la déclaration de 1789 n'a pas clairement explicité. C'est le pouvoir d'instituer. L'idée que les individus peuvent, de leur propre mouvement, créer des personnes morales nouvelles, et sont de ce fait dépositaires d'une capacité de structuration de l'économique et du social est en effet contraire à la conception absolutiste pour laquelle, comme dirait Tante Mathilde, le pouvoir, c'est le pouvoir ; et rien ne saurait arriver d'important qui n'en procède directement.

Dans les pays encore imprégnés de ce présupposé, tout ce qui n'est pas permis est interdit. Dans ceux où l'esprit des droits de l'homme a pénétré tout ce qui n'est pas interdit est permis. Par voie de conséquence, l'innovation, c'est-à-dire l'imprévu, est autorisée dans les seconds, pas dans les premiers. Or l'imprévu, non connu ni recensé, représente précisément le front avancé du processus cognitif. De la sorte, derrière les conditions concrètes telles que la création d'entreprises, la liberté d'association, le droit d'expression artistique, fonctionnent de puissants ressorts métaphysiques et religieux.

Le cas de l'Islam est à cet égard significatif. Ce monothéisme abstrait décrit Dieu comme une entité, sans forme humanoïde, mais "aussi proche de l'homme que sa veine jugulaire". Celui qui regarderait sa face serait instantanément brûlé : c'est pourquoi elle reste cachée, recouverte de soixante dix mille voiles. Mais cette énergie indomptable consume l'homme du dedans. En témoigne cette phrase de Rûmi (XIIe siècle) fondateur du soufisme : " L'amour est cette flamme qui, lorsqu'elle s'élève, brûle tout... il ne reste plus que Dieu". Actuellement, l'Islam fait l'objet de deux interprétations distinctes : Pour les traditionnalistes, la perfection, sur tous les plans, a été atteinte avant le dizième siècle (occidental). Depuis, on ne peut que reproduire et tenter de s'approcher des modèles du passé. Selon cette théorie, dite des scellements, les trois pierres de la perfection ont été à l'époque scellées dans le grand mur symbolique. Elles y sont toujours.

Les modernistes, malgré le poids de cette tradition, font observer que la notion d'"ijtihad" a toujours subsisté, même discrètement, et qu'elle constitue l'ouverture irréductible à l'innovation, figurant dans le Coran. L'"ijtihad" [1] désigne le cheminement que le croyant poursuit par lui-même pour se perfectionner et se rapprocher de son Dieu. Il peut donc gérer son rapport avec la transcendance, exercer ses capacités créatrices. Tout n'est pas déjà déterminé, l'univers reste ouvert à l'action des hommes, l'innovation est possible.

L'approche linguistique permet d'éclairer ce débat. La "jihad", guerre sainte, signifie en fait l'effort et le combat, puis, par extension, la guerre contre l'"autre", l'infidèle incarnant le mal. "Ijtihad" est le même mot, auquel a été rajouté le radical "ij", signifiant le retour sur soi, la réflexivité. Il s'agit donc, en quelque sorte, d'une guerre sainte avec soi-même, chemin de la perfection. Dès lors, le fond de la controverse apparaît clairement. L'époque contemporaine porte-t-elle des transformations, comme autrefois les temps prophétiques, ou ne peut-elle s'animer que de souvenirs, refusée, rejetée dans le non-être ?

Dans le second cas, le croyant ne peut que se durcir au dedans, renforcer les scellements. Dans le premier, il déclare non plus la "jihad" mais bien l'"ijtihad", l'enseignement du futur.

Plus généralement, il y a derrière toutes les négations de la diversité, refus du pouvoir d'instituer et du droit de la conquête de l'autonomie par l'éducation, la même réticence devant ce qui fait signe : ce qui est nouveau ne peut venir à être sans respecter ce qui est déjà, et, d'une certaine manière, avoir déjà été. Effet traditionnel d'une évidente prédilection pour la stabilité, alors que l'instabilité et le nomadisme sont des caractères dominants du nouveau système technique. Le monde moderne est en perpétuelle destructuration, et en perpétuelle restructuration.

Sans aller jusqu'à élaborer des scénarios prospectifs, nous pouvons, par cette approche, estimer les atouts respectifs des différentes régions du monde au terme de la révolution technologique en cours.

Pendant les années 70, un débat doctrinal sur le développement agitait les intellectuels. Les pays neufs, disait-on, peuvent-ils faire ou non l'économie de l'industrialisation ? Faut-il qu'ils passent par le stade de la fabrique taylorienne, se plongent dans la société de production, avant d'entrer dans l'univers du calcul et des médias, ou bien peuvent-ils assimiler et s'approprier directement la technologie post-moderne ?

1. La notion d'"ijtihad technologique" est promue en Tunisie par Moncef Bouchrara.

Les faits ont répondu d'eux-mêmes. Jusque dans les pays développés, la coupure entre les jeunes générations, familiers du micro-ordinateur, de la caméra et du walkman, et les plus anciens, qui n'ont plus la capacité d'intégrer les reflexes nécessaires pour manier ces outils, est spectaculaire. Au regard de cette mutation, il importe peu que l'on soit né à tel ou tel endroit de la planète. Ce qui compte, c'est d'avoir été assez jeune familiarisé aux nouveaux outils.

Les délais nécessaires pour mettre en place les réseaux téléphoniques ne sont pas négligeables. Ils conditionnent largement la situation respective des différents pays, quelles que soient leurs autres caractéristiques. Pour reprendre l'exemple de la Chine, le rattachement de Hong-Kong, qui doit se faire à la fin du siècle est généralement considéré comme le départ d'un processus de normalisation. Qui peut douter que Pékin, avec son milliard d'habitants, son immense territoire, ses ressources, son armée, ne puisse imposer sa loi à cette malheureuse île ? Mais, du point de vue de l'empire des signes, la perspective se renverse. Déjà, pour connaître les opportunités d'investissement sur le continent, le mieux est de s'adresser à une banque de Hong-Kong. Quant à la place financière, intégralement informatisée depuis 86, elle est l'un de quatre grands pôles de l'empire des signes mondial, après Tokyo, New York et Londres. Par le jeu des alliances familiales, le réseau de Hong-Kong s'étend déjà dans les lieux les plus reculés du continent chinois où il est en relation avec tout ce qui bouge. Dès lors, on peut se demander si ce n'est pas l'île qui prendra le pouvoir sur le continent et non l'inverse. Et le jour où, après une génération, elle lui aura transmis sa vitalité, une nouvelle grande puissance s'imposera au monde.

Les autres puissances du futur sont déjà perceptibles. L 'Inde, pour autant que les mécanismes de balkanisation, dus à la clôture de ses différentes communautés sur elles-mêmes, ne retarde pas à l'excès les mises en communications. En Amérique du Sud, le Brésil, parce qu'il a su constituer des réseaux mondiaux, organiser intelligemment ses enseignements techniques, dérèglementer et régionaliser ses structures de pouvoir. L'un comme l'autre de ces deux pays, l'Inde et le Brésil, connaissent un renouvellement de leur classe dirigeante. Ils ont réussi à recruter (par des dispositifs volontaristes en Inde) une couche de nouveaux entrepreneurs. La plupart des conditions du déploiement de la puissance semblent y être réunies.

Il n'est pas impossible que les Pays de l'Est reprennent d'ici la fin du siècle une position économique importante. Ils ont en effet un système éducatif assez développé, et une recherche non négligeable, comme en témoignent les succès de nombre de leurs scientifiques émigrés en occident. D'autre part, leur réseau téléphonique commence à atteindre une densité incompatible avec une gestion bureaucratique : une ligne pour dix habitants pour l'URSS, soit le quart du taux occidental. Dès lors, le téléphone court-circuite le pouvoir ; la bureaucratie elle même se met à faire des affaires; la société civile se remet en marche sous des formes variées, celle du syndicat Solidarité en Pologne par exemple. Et comme il est plus rapide de renoncer à une doctrine inefficace que de bâtir un système éducatif, il n'est pas déraisonnable de conjecturer que le temps de leur ouverture est venu.

La représentation économique mécaniste a jusqu'à présent fourni les alibis nécessaires aux excès de pouvoir et au dirigisme planificateur. Nous allons voir que ce ne peut plus être le cas désormais.

LES RESEAUX DANS LE MONDE ET LEUR TRA

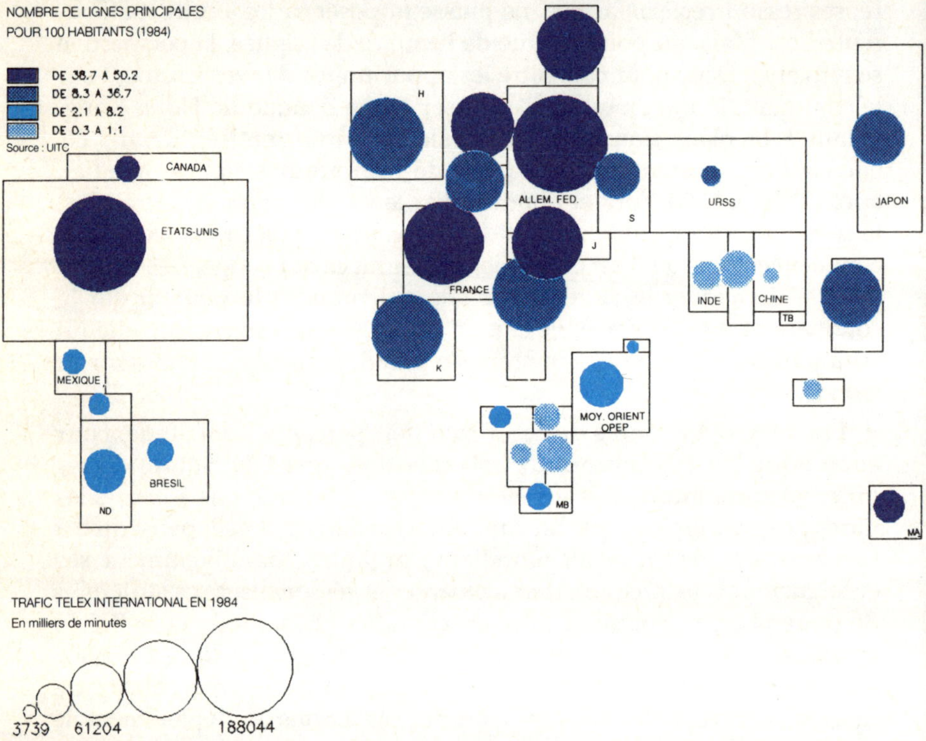

LES PARCS MONDIAUX DE VOITURES ET DE TELEVISEURS

NOMBRE DE VOITURES POUR 1000 HABITANTS

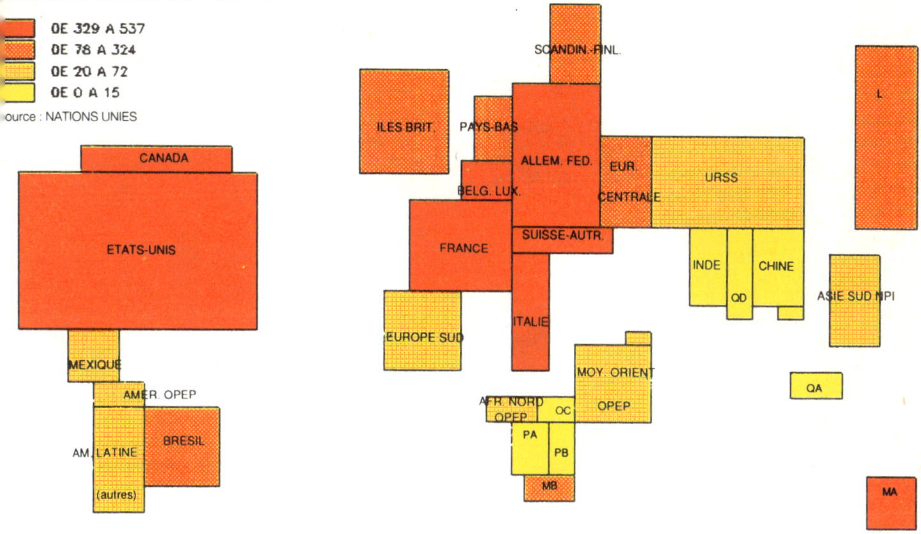

NOMBRE DE TELEVISEURS POUR 1000 HABITANTS

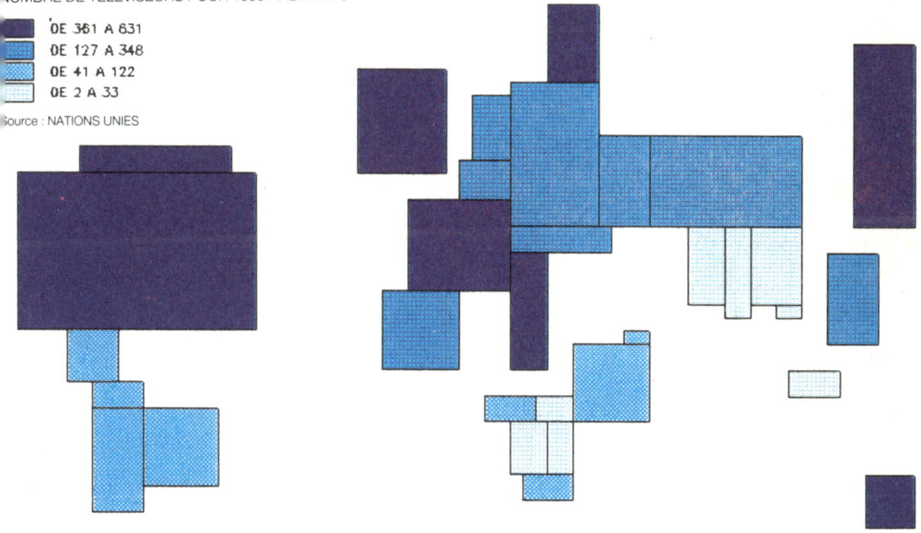

RAPPORT DEFENSE / EDUCATION EN 1980

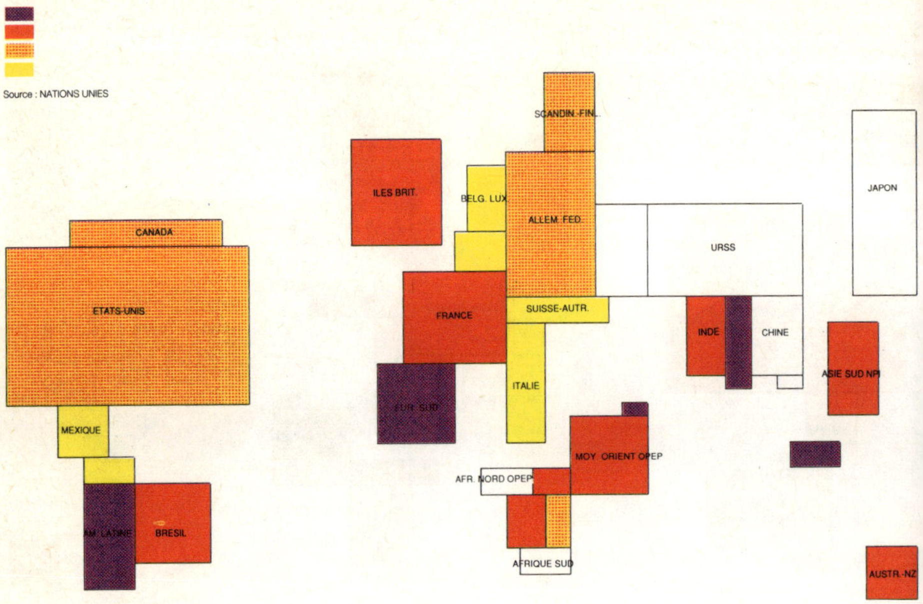

EVOLUTION DES BUDGET D'EDUCATION

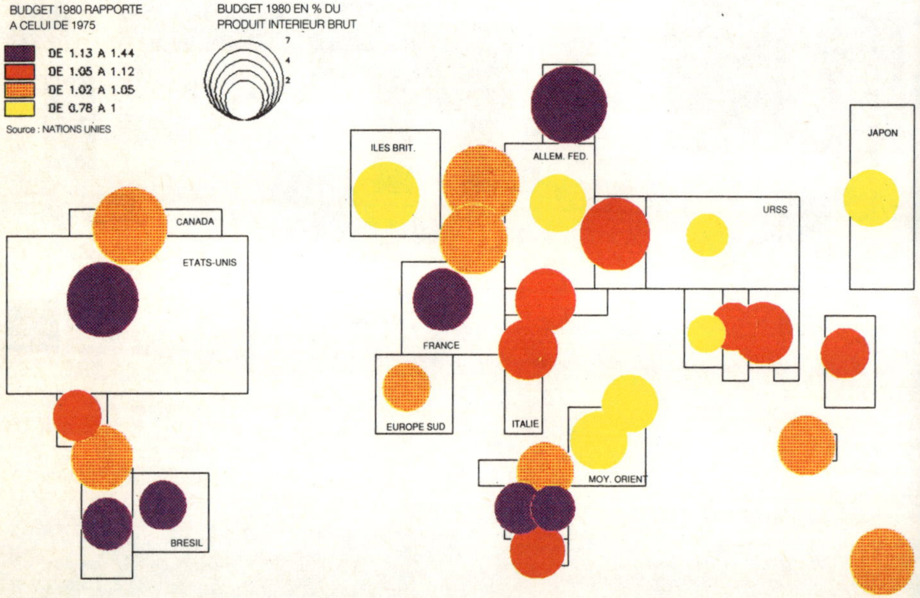

INSTRUCTION : L'INEGALITE DES CHANCES

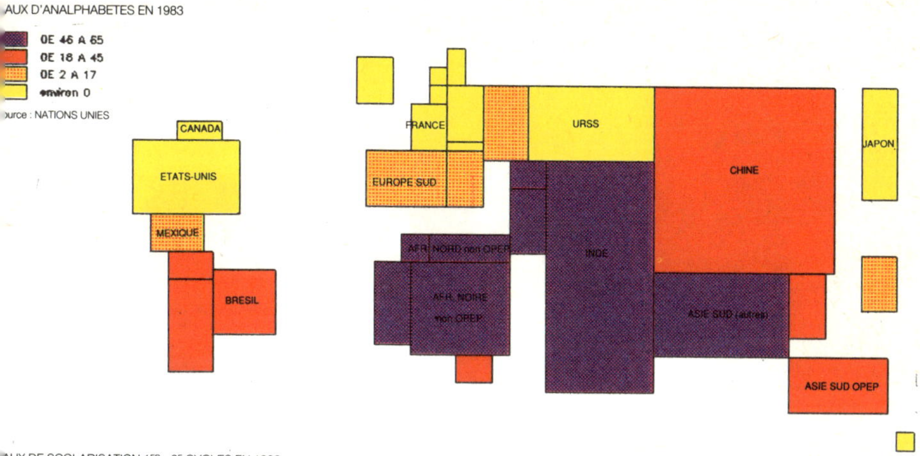

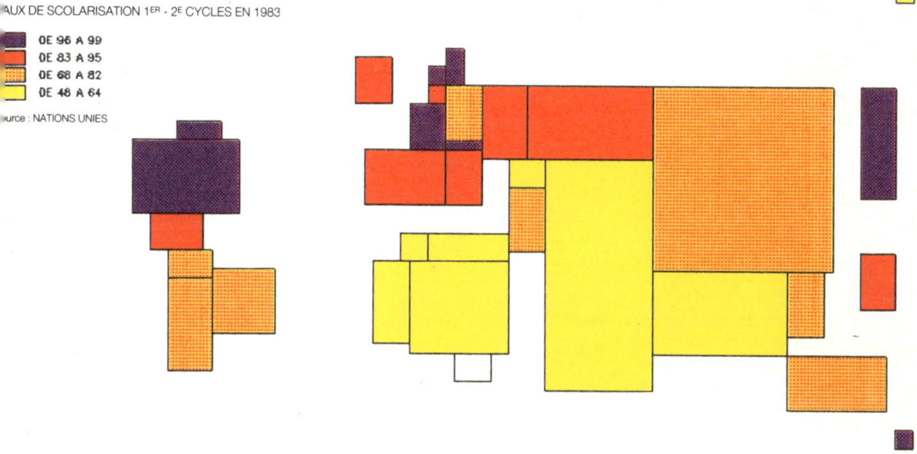

EVOLUTION DES TIRAGES DE QUOTIDIENS DEPUIS 1970

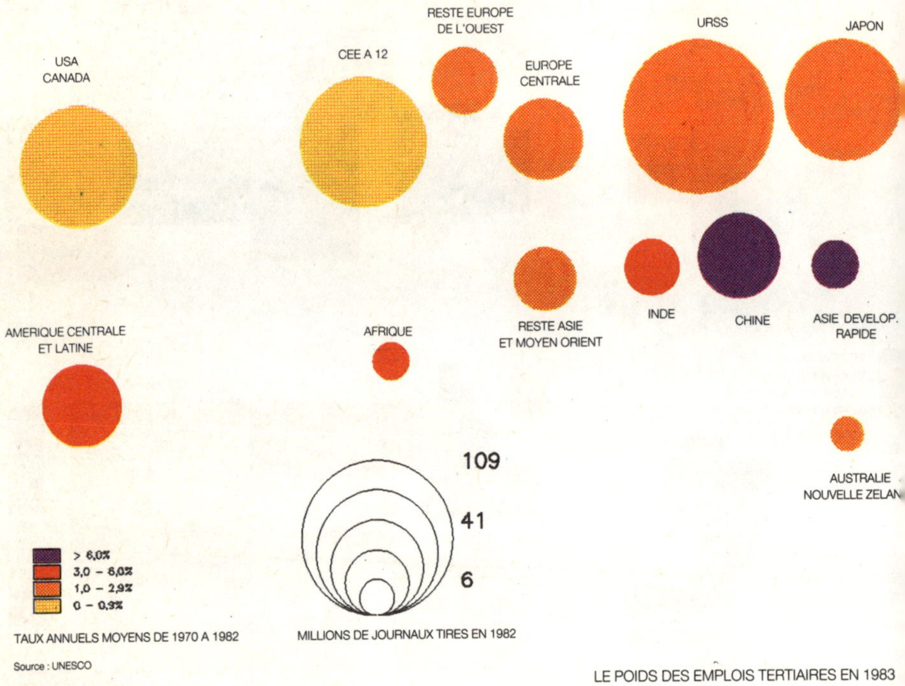

LE POIDS DES EMPLOIS TERTIAIRES EN 1983

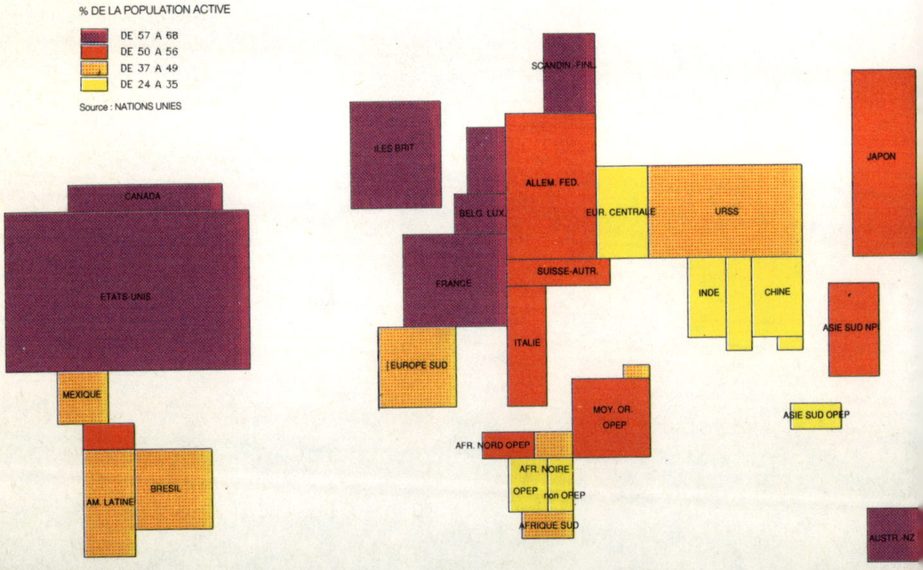

CHAPITRE 3

L'économie cognitive

Parler d'économie, c'est s'aventurer dans un territoire sacré où résonne le verbe des oracles. Chacun craint pour son emploi, ses biens, son pouvoir d'achat. En réponse, se déploie le discours des économistes : la machine ne fonctionne pas très bien, mais il faut quand même faire en sorte que ça marche, car on ne peut plus s'en passer. C'est comme une drogue. Des messages incessants enjoignent de consommer toujours plus et de produire toujours plus. En son temps, Marx avait qualifié la religion d'opium du peuple. Aujourd'hui, n'est-ce pas l'économie qui mérite ce nom ? A s'enivrer dans la production et l'échange, on noie son intimité, on oublie sa dignité, on perd son identité, on néglige l'essentiel.

Il n'est pas question de renier ici les bienfaits du développement, ni de tenir un discours anti-économique passéiste cherchant le salut dans l'autarcie villageoise. Le cours du temps ne se renverse pas. Ce qui nous importe, c'est de saisir l'économie dans son mouvement, avec sa profonde ambiguité. Invitons les oracles à changer de lunettes.

Changer de regard

Parmi les présupposés fixés depuis deux siècles, figure celui que le bien être de l'humanité, et la solution de la plupart de ses maux, passent par la production ; mobiliser la nature pour produire plus et mieux, et, à cette fin, mobiliser l'homme lui-même sous prétexte des besoins de l'homme (le gestell de Heidegger).

D'où une description de l'économie par un tableau de circulation des produits, dit de Léontief, et une comptabilité nationale, qui représente les flux de monnaie correspondants. Dans une société du signe, cette représentation n'est pas fausse, mais en partie à côté de la question, car matérialiste alors que la technique se dématérialise.

Pour les physiocrates, à la fin du siècle des lumières, tout repose sur l'agriculture. Le reste est une construction fragile posée sur ce socle millénaire. Rien n'est possible sans le faible surplus agricole permettant d'alimenter ceux qui ne travaillent pas directement à la terre.

Avec le temps, les proportions se sont inversées. Plus de neuf personnes sur dix vivaient de l'agriculture il y a deux siècles, moins de une sur dix aujourd'hui. Le monde rural dominait. Il se retrouve subventionné, protégé. Ce qu'on croyait être à la base de tout est peu à peu devenu un secteur comme les autres, plus fragile même, à cause des fluctuations de cours. Voilà que le scénario se reproduit pour l'industrie. Elle fut dominante, puis déclinante. Maintenant vient l'époque du service, de l'immatériel. Compté autrefois dans l'improductif, il représente déjà les deux tiers des emplois des pays les plus développés.

On peut toujours dire : ce ne sont là que détours de production. Par rapport au travail agricole direct, l'industrie est un détour. En achetant des machines, l'agriculteur produit mieux et plus vite, il a donc intérêt à retenir les ressources nécessaires pour faire cet investissement prometteur. De même, la mise en place d'automatismes, de logiciels est un détour par rapport aux activités directes de la fabrique, au terme duquel les ouvriers sont remplacés par des robots.

Mais à l'échelle de la société tout entière, qu'est-ce donc que ce détour, l'investissement, qui devient chaque fois l'activité principale ? Le processus de désenracinement de l'économie s'est déroulé pour l'agriculture, puis pour l'industrie. Il s'annonce maintenant pour la nouvelle matière première, la matière grise. C'est "l'investissement intellectuel". D'où la sensation inquiétante d'une tendance généralisée à la lévitation, émergence d'un univers économique abstrait, fonctionnant par et pour lui-même, tout en satisfaisant, de manière annexe, les besoins matériels des hommes.

Dès lors, il faut inventer une autre manière de regarder. Notre prospective en donne le principe : l'économie toute entière peut être décrite comme un immense processus cognitif[1], dans lequel se trouvent à la fois des cycles répétitifs (les productions en série) et des décrochements ou discontinuités (les innovations), le tout régulé par un principe de réalité (la concurrence), comme dans les activités cérébrales où coexistent les répétitions et les nouveautés, régulées par la confrontation à l'expérience.

1. Cette idée a été notamment développée par l'équipe du CREA (JP Dupuy, André Orlean...) Voir:"Approches de la cognition" Cerisy, juin 87 (D. Andler) La théorie économique de la vigilance, esquissée par Jean-Marc Oury est aussi un précurseur de cette approche.

Comment expliquer, en termes classiques, les performances actuelles des deux vaincus de la seconde guerre mondiale, l'Allemagne et le Japon ?

Il y a 40 ans, détruits, sans énergie ni matières premières, pouvaient-ils même espérer redevenir des puissances ? Il leur restait alors une seule ressource, le savoir-faire, la discipline industrielle du peuple. Et cette ressource cognitive a bien montré, à cette occasion, qu'elle était la plus importante de toutes.

Aussi faut-il faire apparaître clairement ce qui concerne la connaissance.

– Mais quelle différence, direz-vous, avec ce qui se fait déjà ? N'y aura-t-il pas toujours des matières premières, des produits manufacturés, des consommateurs et des producteurs ?

– Sans doute, il y aura aussi tout cela, mais décrit autrement.

– Qu'est-ce à dire ?

– La mesure de la diversité devient essentielle.

– Mais encore ?

– Il est aussi important de savoir que la technique moderne relève d'une nomenclature de 6 millons de postes que de connaître le produit intérieur brut mondial : 13200 milliards de dollars en 1985.

– Et pourquoi donc ?

– Parce que maîtriser la diversité requiert un travail cognitif. A l'époque de l'hyperchoix, chacun est confronté à la même difficulté : où porter son regard, avec quels outils discriminer, quelle énergie y consacrer ?

Apologue cognitif

Considérons une "ménagère" faisant son marché. Dans l'économie classique, elle est décrite comme un agent qui, en choisissant le meilleur rapport qualité/prix, régule la concurrence entre les distributeurs et les producteurs, favorisant l'élimination du moins compétitif. Schéma satisfaisant dans la société de production, cette représentation devient naïvement simplificatrice dans la civilisation du signe, car elle omet la moitié de la réalité.

Supposons en effet que cette ménagère veuille vraiment obtenir le meilleur rapport qualité/prix. Alors il lui faudra faire le tour de la ville pour comparer, et dépenser en essence bien plus que ne vaut le kilo de tomates qu'elle veut acheter. En outre, cet exercice lui coûtera du temps. Les journées n'ont que 24 heures et le temps devient la ressource rare.

Cette question apparaît dans l'expérience la plus quotidienne. La vigilance du consommateur étant prise en défaut par la surinformation, il n'est pas rare de voir des écarts de prix sur un même produit, rendant le même service allant du simple au double, voire du simple au décuple, selon le lieu d'achat. Et si nous disons que la moitié de la réalité est omise, c'est parce que, dans les pays développés la quantité de travail consacrée au traitement de l'information a maintenant dépassé celle consacrée aux fonctions de production. La notion classique de marché n'a plus grand sens. Il s'agit de savoir comment les êtres humains nagent dans un océan de surinformation. Pour le comprendre, il faut d'abord compter les signes, mesurer la diversité.

Les ordres de grandeur sont encore mal connus et demandent vérification. D'après les quelques indications en notre possession :

– un langage d'ordinateur, tel que le BASIC comprend une soixantaine de mots,

– le vocabulaire minimum nécessaire pour se débrouiller dans un pays étranger es d'environ 600 mots,

– une profession manie quelques milliers de mots spécifiques ; il y aurait 5 000 sortes de colles différentes, et autant de types de machines outil. Un commerçant gère couramment 10 000 références. Pour certaines spécialités particulièrement riches, telles que les schipschandler ou les libraires, ce chiffre peut monter jusqu'à 100 000. Les ingénieurs de la connaissance, dont le métier est de transférer en ordinateur le savoir d'experts humains, constatent qu'un expert technique maîtrise au maximum 50 000 mots.

– il y aurait environ 300 000 espèces d'insectes. La diversité du milieu naturel serait donc de l'ordre du million. Le monde rural, s'il se donne pour objectif la maîtrise de cette divrsité, redevient de la High-tech.

– l'inventaire des pièces de rechange de l'armée américaine est en 4 500 000 postes. L'ensemble de la technique moderne demanderait 6 millions de mots, d'après certains spécialistes en bases de données. La technique est donc une hyperlangue, 100 fois une langue normale, 1 000 fois le vocabulaire d'un homme cultivé. Balzac utilisait 4 000 mots.

Les formes d'organisation sont nécessairement affectées par l'explosion du vocabulaire. Les structures inadaptées sont contre-sélectionnées. Les dispositifs centralisés, en forme de panoptique, souffrant à la fois d'engorgement au centre et de paralysie aux extrémités, ne résisteront pas. Tandis que les systèmes en réseau, aux unités autonomes liées par des échanges et des mises en commun peuvent faire face à la diversité.

La théorie aux orties

La formulation la plus achevée de la théorie classique due au prix Nobel d'économie Debreu *(Theory of value)* contient une hypothèse clef, sur laquelle repose tout le raisonnement. L'information est supposée parfaite, chez le producteur comme chez le consommateur. Condition irréelle qui revient à dire qu'à chaque instant, chaque agent sait tout ce que font les autres et les éventualités qui se présentent à eux. C'est précisément en brisant cette hypothèse irréaliste qu'on entre dans l'économie cognitive. Et là, tout est à refaire.

Ce point est d'autant plus important que la théorie classique a servi de fondement idéologique à plusieurs générations d'économistes libéraux. Elle aboutit en effet à un théorème central selon lequel l'équilibre résultant de l'action des forces du marché est aussi un optimum. Autrement dit, on ne peut pas faire mieux, le libre jeu de la concurrence est indépassable. Or, Debreu l'a établi, ce résultat n'est vrai que si l'information est parfaite.

Von Hayek, autre théoricien libéral, part au contraire d'une considération cognitive. Il dit que le foisonnement d'information est tel qu'aucune institution centrale de planification ne peut être en mesure de la traiter correctement en temps voulu. Pour nous, c'est une évidence. Projeter dans l'économique l'image d'un être omniscient et lui confier des pouvoirs planificateurs est un périlleux transfert théologique, cause des lourdeurs bureaucratiques des pays de l'est. Néanmoins, après ce début brillant, Hayek développe un point de vue doctrinal, qui ne prend pas en compte la complexité cognitive. Il réussit seulement à prouver que la planification centrale totalitaire ne peut être efficace.

L'approche cognitive montre que le libéralisme sauvage ne l'est pas non plus. L'acheteur, noyé sous une information surabondante et orientée, n'a plus le moyen d'arbitrer correctement ses choix. D'où une économie de pacotille, dont les produits fonctionnent comme des leurres. Sous des apparences séductrices, rôdent les vices cachés : fragilité, toxicité et mille autres défauts qui n'apparaissent qu'à l'usage. En même temps, sont construits des pièges : les consommations obligatoires nécessaires pour maintenir et faire fonctionner ce que l'on a déjà. Au voisinage des saturations, le gaspillage devient caricatural. Prétendre qu'une économie qui perd de plus en plus son temps dans les embouteillages et y brûle en carburant de quoi nourrir les affamés du tiers monde se dirige vers l'optimum est une sinistre plaisanterie.

Vers l'économie du signe ?

Comment parler de l'économie du signe ? La chose est plus compliquée qu'il n'y paraît. On peut prétendre en effet qu'il y a toujours une offre, une demande et un prix quand il s'agit de services, et réduire la mesure à des termes monétaires. Cela risque néanmoins d'induire des interprétations erronées sur la véritable richesse d'un pays.

Que la production de signes s'amplifie ne signifie en effet aucunement que la collectivité s'enrichit. Elle peut même être contre productive. Les phénomènes bureaucratiques en sont la cause.

Non, parler de production de signes, c'est encore raisonner dans le référentiel de la société de production. L'économie cognitive exige un saut conceptuel. La ressource rare, ce ne sont plus les matières premières ou les capacités de production. C'est le temps, le temps qu'il faut pour prendre connaissance des problèmes, pour les mûrir, pour les résoudre. Une sorte de temps de calcul à l'échelle humaine. Le mouvement des cercles de qualité ne s'interprête pas autrement : en créant un espace et un temps de réflexion, un lieu de traitement de la connaissance, là où il était jusqu'à présent interdit de penser (l'atelier) on introduit l'économie cognitive au contact de l'expérience concrète du travail, et l'efficacité qui en résulte démontre à l'évidence que ce qui faisait défaut, avant d'être de l'ordre des ressources matérielles, était d'abord de l'ordre de la pensée.

Small is beautiful

Ainsi peut-on comprendre également le rôle crucial des innovateurs et des créateurs, celui de faire apparaître les choses. Ce sont les voltigeurs du processus cognitif. La réponse correcte à la complexité, disent les penseurs systémistes, c'est l'autonomie. La micro-initiative, maintenant utilisée jusque dans les multinationales, où l'on fait appel aux "intrapreneurs", donne une perception plus fine des opportunités, raccourcit les circuits de décision et motive davantage les acteurs, qui perçoivent directement le résultat de ce qu'ils font.

Dans entreprendre, il y a prendre, mais quoi ? L'entrepreneur se perçoit souvent lui-même comme un prédateur nécessaire, bien plus que comme un créateur. L'idée que l'activité économique est une manière de faire naître le futur est encore peu répandue. Le raisonnement classique laisse peu de place à la création, et ses instruments de mesure sont construits pour ne pas la voir. On y décrit le partage des flux, le partage du gâteau des ressources productives, sous forme agrégée, donc en omettant de manière délibérée de rendre compte de la diversité, autrement dit de la création.

L'importance de la diversité est pourtant dans l'étymologie. L'entrepreneur, celui qui se place entre et qui prend, c'est d'abord celui qui a discerné une opportunité entre, là où les autres ne voyaient qu'un espace clos. L'organisation du système industriel, de son propre mouvement, se calque sur la complexité du processus cognitif en cause : dans les phases d'exploration de la diversité fleurissent les petites entreprises, l'initiative "moléculaire" qui permet de percevoir et d'agir là où les grandes structures ne voient pas ou ne peuvent aller. Quand des normes se sont établies, et qu'il ne s'agit plus que de répéter des concepts éprouvés, alors les grands groupes reprennent le dessus, déployant leur logistique de persuasion.

Après la période de concentration industrielle des années 60, les petites entreprises regagnent dans les économies développées. Les moins de 100 personnes procurent en 1985 45 % des emplois aux Etats-Unis, 55 % en Allemagne fédérale, 56 % au Japon. Entre 1975 et 1985, en France, elles ont gagné 7 points, en passant de 39 à 46 % de l'emploi. C'est la période où le téléphone, outil de décentralisation favorisant l'initiative moléculaire, a été installé.

Phénomènes cognitifs

Le monde nouveau se déploie. Les structures anciennes craquent avant de retourner en poussière. On peut déjà décrire les phénomènes de l'économie cognitive. En voici quelques uns :

En réponse à la complexité des techniques, apparaissent des normes. Celles-ci, considérées il y a encore quelques années comme de simples commodités, des conventions entre professionnels, deviennent maintenant des éléments de stratégie, et parfois l'enjeu de batailles mondiales. Après le conflit PAL-SECAM, puis celui du VHS contre Betamax, la télévision est encore l'objet d'un affrontement planétaire au sujet de la norme de la "Haute définition", où les japonais, alliés à certains américains, tentent de faire prévaloir leur technologie, en opposition aux intérêts européens. Que ce soit pour la TV, les télécom (norme Transpac de commutation par paquets) ou pour les ordinateurs, les stratégies de produits se déploient désormais derrière des stratégies de normalisation. Le succès du PC, le personal computer d'IBM, vient en grande partie de ce qu'il a été promu comme une norme. Succès transitoire certes, puisqu'il est maintenant concurrencé par les "clones", matériels compatibles fabriqués meilleur marché en Asie du sud-est, mais succès indiscutable, qui fait référence.

Or, qu'est-ce qu'une norme, sinon un territoire dans le mental ? Elle est contingente et pourrait, si l'histoire avait suivi un autre cours, revêtir une forme différente. Mais une fois qu'elle est adoptée, elle s'impose à la technique, car ce qui est inscrit dans l'esprit des hommes est plus difficile à changer que ce qui n'est inscrit que dans la matière.

L'informatique est un lieu de cristallisation de concepts. Ainsi, par exemple, la notion de Tableur, apparue dans les années 70. Chacun sait ce qu'est un tableau de calcul. Les comptables, les économistes, les ingénieurs en manient quotidiennement. Ainsi, dès les premiers langages, des milliers d'utilisateurs ont bricolé des petits programmes pour traiter leurs tableaux, selon leurs besoins particuliers. L'apparition du visicalc, premier outil optimisé avec, si l'on peut dire, un véritable design fonctionnel, ne les a pas découragés. Malgré son succès commercial, plusieurs années furent nécessaires pour que tous se rendent à l'évidence : un concept était né. Le visicalc devenait une norme. Il se prolongeait par une série d'autres produits plus élaborés : le multiplan, Lotus 123, Excel... intégrant tous cette fonction qu'on appelle maintenant tableur. En fait, il s'agit d'une famille de fonctions intéractives qui, quand on les regarde dans le détail, forment une grappe, dont l'agencement est tout entier orienté vers le confort de l'usager. Ce que nous observons là du point de vue cognitif, c'est la cristallisation d'une forme, phénomène bien connu des historiens du design : la coccinelle Volkswagen, le rolleiflex, ou la chaise bistrot de Thonet (1859, encore en service en 1987) du fait qu'il atteignent une sorte de perfection dans les rapports des formes et des fonctions, ont une longévité exceptionnelle, servent de norme et cristallisent un concept.

Un autre exemple est donné par Marc Giget. La technique évolue par paliers, appelés "générations". Il y a eu la génération du disque 78 tours, puis celle des 33 tours, maintenant celle des compact disk laser. Entre ces différents paliers, l'enregistrement du son a évolué. Les militaires ont connu 17 sous générations. Mais, au niveau du public, il faut un écart technologique suffisamment important, une discontinuité pour que l'on consente à changer son lecteur. La tentative d'imposer le 16 tours a échoué. Parce qu'ils sont de la même nature profonde que les phénomènes cognitifs, les rapports technique-usager évoluent de manière discontinue.

Giget observe également que du côté du producteur, à chaque génération correspond des leaders nouveaux. Une entreprise qui s'est enracinée dans une technologie a tellement intégré dans son être profond – nous dirions même enfoui dans son inconscient – de réflexes comportementaux qu'il lui est difficile de se faire à la génération suivante. Celle qui arrive sur le marché n'a pas à s'arracher au poids cognitif du passé, elle peut intégrer d'entrée de jeu de nouveaux réflexes. Ainsi, en aéronautique, Douglas dominait du temps des avions à hélice, Lockheed à l'époque des turbo, et Boeing dans la génération des réacteurs. Chaque fois un nouveau leader apparaît, réduisant les anciens à un rôle second.

La construction d'un objet complexe – un avion – met en jeu des quantités considérables d'informations. On observe alors que le coût suit une courbe d'apprentissage. Le prototype, c'est connu, coûte beaucoup plus cher que l'objet de série. Mais le premier exemplaire de la série coûte lui aussi, bien plus que le centième, à son tour plus coûteux que le deux centième etc... Car on apprend à faire en faisant. Pas de transformation radicale, mais une multitude de petits perfectionnements de détail, rendant chaque fois le travail plus efficace. C'est typiquement un phénomène cognitif.

Ces quelques exemples laissent pressentir un renouvellement des sciences de la gestion. Ils incitent à développer la vigilance sur les processus cognitifs internes aux organisations.

Stratégies cognitives

Les deux tiers de l'industrie performante américaine, la quasi-totalité des entreprises japonaises ont adopté depuis une dizaine d'années des stratégies dites technologiques, qui peuvent être symbolisées par un arbre, un bonsaï selon l'expression de Marc Giget. Les racines représentent le savoir-faire de l'entreprise, son capital cognitif. Les feuilles représentent les produits, insérés dans leurs créneaux de marché. Le tronc a pour fonction de faire circuler la sève – les connaissances – entre ses différents éléments. Ceux qui ont adopté ces stratégies abandonnent progressivement le positionnement sur les produits, pour définir leur identité à partir des technologies : United Aircraft devient United Technologies, US Steel devient USX. Alors que, en Europe, l'aérospatial est encore aux mains de firmes spécialisées, cette activité, plus nouvelle au Japon, s'y répartit dans des groupes, Mitsubishi ou Mitsui, aux multiples branches qui recyclent rapidement les connaissances acquises vers d'autres usages. Elle s'intègre ainsi dans une stratégie cognitive.

Depuis quelques années, dans le monde entier, les taux de formation permanente de grandes entreprises, telles que Philips en Europe, se sont accrus sensiblement. Pour certaines, ils dépassent maintenant 10 % du temps de travail, ce qui manifeste un début de prise en compte de la cognition. La diversité des expériences, la gestion des carrières, les méthodes de délibération collective et d'autoformation (cercles de qualité) en font également partie. C'est pour les dirigeants une nouvelle manière, plus humaniste, de voir l'organisation en tant que lieu de gestion du flux de connaissance de ses membres.

Il est difficile d'exprimer dans la nomenclature des métiers d'aujourd'hui les qualifications du troisième millénaire. Il faut, pour se projeter dans l'immatériel, monter d'un niveau d'abstraction. On ne peut pas dire comment évolueront les différents métiers, ni même s'ils existeront encore dans cinquante ans. Mais on peut préciser par exemple ce que signifiera le professionnalisme dans la société émergente.

Représentation synthétique, sous forme d'arbre de la fonction technologique de l'entreprise japonaise

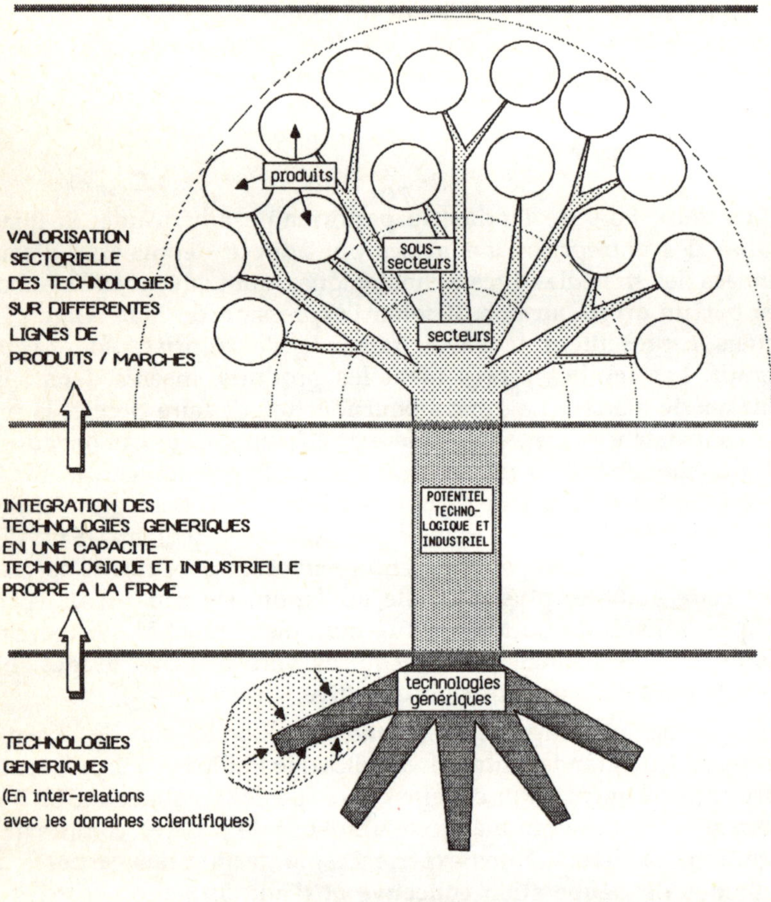

SEST/Euroconsult/ Stratégie des firmes japonaises/ CPE

C'est alors que, retrouvant certaines valeurs compagnonniques, on dira : quelle que soit sa spécialité, un vrai professionnel, c'est quelqu'un qui fait du travail soigné, connaît ses limites, tient ses délais et ses engagements. A travers un savoir faire particulier, il atteint une maîtrise de lui-même qui force le respect. Former au professionnalisme devient l'objectif le plus noble pour l'enseignement, c'est aussi un redoutable défi car il ne s'agit plus d'apprendre, mais d'apprendre à apprendre. L'enjeu monte d'un niveau d'abstraction. L'enseignement devient un méta enseignement.

On peut utiliser la technologie la plus moderne (satellites, réseaux câblés...) au service de la culture. Non pas dans un esprit défensif – la préservation d'une identité culturelle tournée vers le passé – mais au contraire dans un esprit prospectif, pour le développement personnel des hommes et la réappropriation par le plus grand nombre du savoir faire technique.

Que notre siècle manque du souffle nécessaire pour articuler de tels projets vient de ce qu'il est encore sous le coup de la pression de l'idéologie darwiniste de la lutte pour la vie, qui imprègne le monde économique, les entreprises aussi bien que les Etats. Idéologie d'ailleurs infirmée par les observations attentives contemporaines de la Nature, car, comme l'a montré Paul Colinvaux (Les manèges du vivant) : "Un animal adapté n'est pas un animal qui se bat bien, mais un animal qui évite de combattre".

Le chômage sacrifié

Dans un premier temps, au début des années 70, voyant que le nombre des sans emplois se comptait déjà en centaines de milliers, les partenaires sociaux se sont mis d'accord pour construire un système d'assistance qui permettrait aux chômeurs de mieux passer ce cap difficile. C'était aussi une manoeuvre habile de l'"effendia" pour se trouver une occupation en portant secours aux malheureux.

Dans un second temps, le chômage s'étant encore accru, jusqu'à atteindre, en Europe, plus de 10 % de la population active, et le tiers des jeunes étant à la recherche d'un premier emploi, il a bien fallu, sous la pression des événements, prendre d'autres dispositions. Les caisses d'assurance chômage étant devenues lourdes à financer, et le bruit s'étant répandu que certains profitaient du système pour travailler au noir tout en touchant leurs allocations, on a commencé à limiter la durée des indemnités, ce qui pénalise les cas les plus difficiles. Lorsqu'il s'est agi de dégager des effectifs dans les industries surpeuplées, on a largement usé du système des pré-retraites, évacuant des usines des travailleurs expérimentés et compétents, ce qui mit en difficulté certaines fabrications, dans la sidérurgie notamment. Enfin, pour ne pas laisser les jeunes dans l'attente, on a créé des catégories de quasi-emploi afin d'avoir l'air de les protéger sans les payer au prix règlementaire.

Les économistes classiques auraient beau jeu de dire que toutes ces manipulations n'ont pas lieu d'être, puisque, après avoir triché avec la loi de l'offre et de la demande relative au marché du travail, on la réintroduit par la petite porte, sous forme d'emplois de second rang. Cette remarque n'est pas sans fondement, mais elle considère l'effet au lieu de s'inquiéter de la cause. La cause profonde est d'une autre nature : On ne peut plus actuellement considérer la production isolément, sans voir ses liens avec l'enseignement, la connaissance et la cognition.

Inventer des faux emplois à l'usage des jeunes, dans lesquels ils n'apprennent rien, c'est refuser de voir la cause profonde des dysfonctionnements de la machine économique contemporaine : l'insuffisance, quantitative et qualitative, de l'enseignement. Sans doute, la plupart d'entre eux se trouvent mal à l'aise dans la poursuite des études et souhaiteraient s'intégrer, aussi vite que possible, dans un système de production. Dès lors, ils n'ont pas besoin d'emplois au rabais, mais d'établissements intermédiaires, où l'on produit pour enseigner et on enseigne pour produire. A la complexité du système économique correspond une diversité de situations. Entre deux extrêmes, la vie active d'un coté et l'école de l'autre, devraient progressivement s'insérer toute une gamme de sas visant à gérer les processus d'accoutumance et de transition.

L'idée d'un partage du travail, qui a sévi en France au début des années 80, procède de la même erreur. Annoncer que l'on va diminuer la durée légale du travail parce qu'il n'y en a pas assez pour tout le monde, c'est refuser de reconnaître qu'il y a deux catégories de travail : celui qui sert à produire, et celui qui sert à se perfectionner, et cela au moment même où il aurait fallu dire que la contrepartie de cette diminution devait être une augmentation de la durée de formation. En outre, laisser croire qu'on va pouvoir s'en tirer en travaillant moins au moment où la concurrence, devenue intellectuelle et scientifique jusque dans les entreprises, se mondialise et se durcit, est un maniement coupable de l'utopie démagogique, juste capable d'endormir la vigilance de la population tout en flattant sa paresse.

Comprendre la signification profonde de l'extension du chômage demande un saut conceptuel devant lequel beaucoup d'entre nous hésitent, car il remet en cause les représentations les plus évidentes, devenues si naturelles que nous n'y pensons même plus. A la fin du siècle des lumières, nos anciens ont clairement formulé leur programme : produire, pour sauver l'homme du besoin ; et s'il n'est pas satisfait, produire encore et toujours plus. Toute logique poussée jusqu'à son terme s'inverse, imposant une mutation des représentations. Dès lors que les progrès de productivité deviennent si grands que les besoins saturent, le public n'ayant même plus le temps de consommer ce qui lui est offert, alors la rareté se déplace. Le système productif devient incapable d'employer ceux qui offrent leur travail et par suite, de redistribuer le pouvoir d'achat. D'où un risque d'effondrement si d'autres activités que la production, en l'occurrence l'étude, ne viennent pas prendre le relai.

En France, pour vingt millions d'emplois, au sens classique du terme, il y a quinze millions de personnes dans l'éducation en ajoutant élèves et enseignants. Ce sont des ordres de grandeur tout à fait comparables, qui évoluent, semble-t-il, vers un équilibre moitié-moitié formation/emploi. Derrière chaque heure de travail, il y aura une heure d'enseignement en moyenne, sur toute une vie.

La monnaie s'évapore

La circulation des signes monétaires est, bien entendu, un élément significatif et décisif de l'économie du signe. Keynes, en montrant comment cette circulation pouvait être consciemment utilisée pour relancer l'économie, a été un précurseur de la théorie cognitive. Aujourd'hui, la monnaie, suivant en cela le mouvement général de l'époque, se dématérialise. L'étalon or, base de la fiabilité, fondement de l'essor du capitalisme est, par degrés, abandonné depuis la seconde guerre mondiale, sous la pression des Etats-Unis. Ceux-ci ont en effet entrepris, plus ou moins consciemment, de retourner la loi de Gresham [1] à leur profit. Faisant en sorte que le dollar soit une monnaie assez faible pour déplacer les autres, compte tenu de cette loi, et néanmoins assez forte pour rester une monnaie, ils l'ont imposé au monde comme étalon.

Lorsque le Général de Gaulle, conseillé par Jacques Rueff, dit qu'ils se mettaient ainsi en position d'acheter le monde entier "avec des dollars qu'il ne tient qu'à eux d'émettre", ce fut un concert de protestations indignées. Il avait néanmoins raison dans le principe, et la planète se trouve maintenant avec un étrange système monétaire en lévitation, reposant sur la confiance en la modération des autorités de la réserve fédérale américaine.

Celles-ci en effet ne peuvent pas se permettre n'importe quoi. Le laxisme est vite sanctionné par une baisse de pouvoir d'achat international des ressortissants. Mais ce qui se passe actuellement laisse présager une autre évolution structurelle à long terme. Le déficit budgétaire et le déficit du commerce extérieur américain ont tous deux dépassé les 150 milliards de dollars, et ne semblent pas en voie de se réduire. On peut se demander si cette facilité, ce privilège de détenir l'étalon, ne risque pas d'avoir les mêmes effets que l'or du Pérou sur l'Espagne de la renaissance. Disposant d'un pouvoir d'achat qu'elle n'avait pas eu à gagner sur un marché concurrentiel, l'Espagne, donnant libre cours à ses envies, avait laissé se développer puis s'enraciner des comportements fiers, munificents et inefficaces. D'où plusieurs siècles de déclin. C'est seulement maintenant, avec la démocratisation et l'entrée dans le marché commun que s'opère un spectaculaire redresse-

1. "La mauvaise monnaie chasse la bonne". Cette règle explique des phénomènes importants, au regard de la confiance. Pourquoi, par exemple, la monnaie d'argent s'est substituée à l'or en Inde, lors de l'expérience bimétalliste.

ment, délaissant les anciennes mentalités, avec un renouvellement de la classe dirigeante.

Les Etats-Unis présentent aujourd'hui des symptômes inquiétants. Ils se posent en modèle du monde, sont peu vigilants de ce qui se passe ailleurs, consacrent leurs surplus à renforcer jusqu'à la caricature les traits de l'"Américan way of life". Partout, malgré une mobilité encore très supérieure à celle d'autres pays, on y sent les rigidités et les lourdeurs s'installer. Le protectionnisme réapparaît, renforçant un splendide et fatal isolement.

Pendant ce temps, les japonais se sont donné le monde comme horizon. Les autres pays s'inquiètent quand leur monnaie baisse, eux, quand elle monte. A leurs yeux, la conquête industrielle et financière est donc plus importante que leur pouvoir d'achat. En 1987, l'excédent de capitaux placés par le Japon a dépassé la centaine de milliards de dollars, plus que les pétrodollars dans leurs plus belles années (80 milliards de $ en 1980). La capitalisation de la place de Tokyo est devenue supérieure à celle de Wall Street. Les japonais se mettent en ordre de bataille et manient l'information comme une arme. Ayant eu affaire, depuis le IVè siècle, à un système de signes complexe (deux alphabets de 48 lettres, plus les milliers d'idéogrammes chinois), ils sont particulièrement entraînés, préparés au nouveau système technique. Néanmoins, leur façon de faire reste spécifique, leur culture est celle d'une île. Elle n'a pas la diversité universelle de celle de l'Europe.

Avec le "big bang", déréglementation du marché financier londonien, et l'acte unique européen de 1992, le vieux continent amorce un regain. La diversité de ses langues est un handicap, mais aussi une chance, celle de la richesse culturelle. En termes d'économie du signe, elle constitue un lieu d'espoir, peut-être même une préfiguration destinée à être imitée dans d'autres régions du monde. L'Europe en effet n'est pas une nation et n'a pas pour vocation d'en devenir une. C'est un système isonomique, une sorte de centre vide, lieu de négociation et de création. Cette forme, pour autant qu'elle soit soutenue et structurée par réseau de télécommunications surpuissant, reste actuellement la seule capable de construire les modalités d'un avenir planétaire.

Voir grand

L'économie cognitive remet à leur juste place les idéologies dirigistes et libérales. La première trouve ses limites dans l'incapacité d'une autorité centrale à traiter l'information pertinente, la seconde dans l'incapacité d'un système de micro-initiative à sortir des affrontements particularistes, à une époque où la mondialisation, les saturations et les risques technologiques demandent que la conscience collective puisse s'exprimer dans les faits.

Elle rappelle aussi la coexistence de trois mécanismes fondamentaux :

– la détection des opportunités, jusque dans le détail des rapports avec l'usager. Celle-ci relève, précisément, de l'initiative dispersée, de ces entre-preneurs que nous avons vu apparaître et fleurir à toutes les époques créatrices. Nous ajoutons à cela : la condition essentielle pour que s'épanouisse cette autonomie (face à la complexité) est le respect des droits de l'homme, dont la liberté d'entreprendre (ou plus généralement le pouvoir d'instituer) fait évidemment partie.

– l'élimination des erreurs, par l'effet de la concurrence. Il faut bien un principe de réalité, et si l'homme devient l'horizon de toute activité humaine, c'est en définitive lui qui devra trancher, en tant qu'usager ou consommateur, de la pertinence de ce qu'on lui propose. L'affrontement concurrentiel se déplace irrésistiblement. On essaie de se tailler une place dans l'esprit des hommes, d'occuper leur mental, comme autrefois on occupait un territoire. L'économie médiatique est une économie de saturation, où un message enrobe un message qui contient un message destiné à faire passer le produit.

– la conceptualisation. Le résultat d'un conflit est une montée vers le conceptuel. Dans les nouvelles technologies, les normes, les produits à succès sont des concepts, sortes de balises par rapport auxquelles l'usager se repère. Les grands programmes, lorsqu'ils correspondent à un enjeu concernant l'espèce humaine prise dans son ensemble (marcher sur la lune, par exemple), sont aussi de l'ordre du conceptuel.

L'utilité des concepts, en termes cognitifs, est de procurer une économie de pensée. La présence d'une idée claire permet d'interprêter plus rapidement une situation sans avoir besoin de la réévaluer dans le détail. Dans le langage de l'informatique, on dit que la structuration d'un logiciel, par mise en place d'informations sur l'information, économise du temps de calcul. C'est ce mécanisme qui enfouit le savoir faire du conscient vers l'inconscient, puisque, lorsqu'une procédure est bien assimilée, on lui construit des raccourcis, réflexes permettant de se passer d'une conscientisation détaillée.

Parmi les logiciels qui parcourent l'économie, il y en a de locaux, fonctionnant dans le système d'information de proximité, d'autres plus globaux, servant de référence à l'ensemble d'une culture collective. Les premiers utilisent l'infrastructure en réseau (par téléphone), les seconds peuvent être véhiculés par médias centralisés (télévision).

La dynamique d'une économie cognitive ne repose pas seulement sur la micro-initiative, qui fait fonctionner les réseaux, mais aussi sur des mécanismes de régulation (des produits agricoles par exemple) pemettant de redistribuer des ressources et d'amortir les fluctuations, ainsi que sur un petit nombre de grands projets clairement identifiés, véhiculés par le système d'information global. Dès lors que celui-ci existe et se déploie mondialement, après avoir été instrument de pouvoir, il devient aussi le lieu d'émergence d'une conscience universelle.

De telle sorte que l'économie cognitive n'aboutit pas à la réfutation des grands programmes ni de la micro-initiative, mais au contraire à l'affirmation de leur nécessaire coexistence, les uns et les autres selon leur modalités propres. Il est vraisemblable qu'une économie moderne, laissée totalement au libre jeu des forces du marché, connaîtrait une sorte d'affaissement entropique avec une crise de surproduction. Symétriquement, une économie totalement dirigée et règlementée souffre, l'expérience l'a montré, d'inefficacité et de rigidité bureaucratique. En réalité, comme le dit Jean-Claude Derian, les économies ont toutes, dans des proportions variables, d'une part un secteur de grands programmes protégés (l'aérospatial, l'électronucléaire, le téléphone, le militaire), où règne une technostructure de grands donneurs d'ordre, étatiques ou non, d'autre part un secteur tourné vers le marché et préoccupé, en priorité, des goûts et des exigences de l'usager. La cohabitation de ses deux économies est nécessaire, car chacune est porteuse d'un système cognitif particulier complémentaire de l'autre. Mais aussi parce que l'une apporte la diversité et l'adaptation, l'autre la néguentropie.

Les techniques modernes sont, d'entrée de jeu, mondiales. L'apparition d'un nouveau micro-ordinateur portable ou la mise au point d'un vaccin contre l'hépatite B sont répercutées, dans la semaine qui suit, par la presse spécialisée de tous les continents. Progressivement, se constituent des instances internationales chargées de prendre en compte cette mondialisation de la technique. La normalisation, les brevets, les télécom, la météo, les tarifs aériens, la poste, les satellites.. ont de telles instances, dont l'influence s'accroît d'année en année, au dépens de la souveraineté des états. Mais ce n'est encore qu'une organisation passive, faite de chambres d'enregistrement, ou de lieux de négociation. Car actuellement les pouvoirs, encore agressifs, multiples, hésitants, empêtrés dans un nationalisme archaïque, n'ont pas pris conscience de la conscience planétaire. Or, à chaque niveau de conscience correspond une demande, l'attente d'un opérateur capable de faire face : pour la détection fine des besoins de l'usager, la petite entreprise et le petit commerce ; pour l'environnement collectif local, les municipalités et les régions ; pour les grands problèmes mondiaux, une autorité à l'échelle mondiale, capable de compter en milliards de dollars et de maîtriser les principales instabilités dévastatrices contemporaines, autrement dit la monnaie, l'environnement et les risques technologiques majeurs, enfin les inégalités devant l'éducation et le respect des droits de l'homme. La dimension nationale n'est plus vraiment pertinente face à la technologie du troisième millénaire. Peut-être, un jour, les Etats-nations seront-ils considérés comme les restes archaïques de la mentalité tribale, dont les exactions doivent être dûment contrôlées, non seulement par l'électeur, mais aussi par des instances internationales. Le pouvoir, au sens de Machiavel, n'est sans doute pas éternel. Inadapté au monde contemporain, il risque cependant, tel un fleuve en crue, de sortir de son lit, en faisant "main basse sur la ville" par des formes variées de terrorisme institutionnel. Alors qu'il lui est demandé, simplement, de gérer des services publics. Dans un système mondial étagé, en effet, il y a des services publics de niveau communal, d'autres régionaux, nationaux et enfin internationaux. Chacun correspondant à un niveau de conscience des nécessités de la vie collective. Mais aujourd'hui, faute de laisser s'exprimer sa conscience, le monde manque encore de grands projets humanitaires structurants capables de transformer la planète en jardin.

Nota : ce chapitre a été rédigé avant les événements financiers de fin 1987, manifestation particulièrement spectaculaire de l'émergence de l'économie cognitive.

CONCLUSION

Prospective de la conscience

Les considérations qui précèdent laissent sans réponse les questions essentielles : que la technique post-moderne aboutisse à une société de création, peut-être... mais pour quoi faire ? le fait que l'homme soit devenu le maître de son environnement, capable de construire un décor remplaçant la nature, ne fait que repousser le problème: en définitive, au service de quelles finalités mettre ses capacités créatrices ? La création, en effet, n'est pas une fin en soi. Elle incarne une idée du rôle de l'homme dans le monde. La construction d'un même ouvrage – l'autoroute trans-amazonienne – est considérée par les uns comme un geste constructif et créateur, ouvrant la modernisation d'espaces nouveaux, et par les autres comme une destruction condamnable de la forêt environnante, source d'oxygène et réserve écologique.

L'extension des possibilités renvoie à la très ancienne question : Qui sommes-nous, et où allons nous ? Elle était jusqu'à présent l'apanage des philosophes ; elle devient un préalable pour les acteurs économiques. La manière dont on produit et consomme prend un sens quand on la situe par rapport au monde. Elle n'est plus seulement destinée à satisfaire des appétits, ou, comme on dit, des "besoins". Dans une société du signe, la notion de besoin a-t-elle encore un sens ? Si ce n'est, justement, le besoin de trouver un sens aux choses. Ce n'est pas un comportement aberrant que d'élever son esprit jusqu'à penser l'avenir de l'espèce humaine. C'est devenu indispensable pour conduire nos actions quotidiennes.

D'ailleurs, les signes de l'émergence d'une conscience planétaire se multiplient. Les premières images montrant la terre vue de la lune, cet astre bleu parsemé d'écume dont nous sommes les gardiens, produisent un effet comparable à celui des montgolfières. Le monde entier, du savant à l'aborigène, regarde, effaré, ce que lui renvoie cette prunelle mécanique et lointaine. Il sent confusément qu'il va falloir penser autrement. Puis des auteurs apparaissent, qui parlent du Big Bang. Ils racontent tout, depuis l'explosion des origines, il y a quinze milliards d'années, jusqu'à la complexité du vivant. La Science réécrit les grands mythes fondateurs, précisément pour permettre de redonner sens, à notre vécu chaotique. Simultanément, elle se donne en spectacle. Quelques millions de regards fascinés avaient assisté au premier pas de l'homme sur la lune. Près du milliard pourra voir les images du grand télescope scrutant les origines du monde.

La conscience est perception des limites. Le club de Rome nous a assimilés à des nénuphars sur un lac : nous nous multiplions, et consommons chaque année davantage de ressources non renouvelables... jusqu'au jour où les limites du lac seront atteintes. Alors, comme au déclin du Moyen Age, il faudra bien que l'euphorie cesse. Le développement économique, transposition moderne de l'injonction biblique "croissez et multipliez" apparaîtra tôt ou tard pour ce qu'il est : un état d'ébriété, une "hubris", disaient les grecs. Une espèce animale qui consomme chaque année plus de quinze fois son propre poids de biomasse fossile est, à terme, condamnée. Les démographes ont été les premiers à se rassurer : discernant une inflexion de la fécondité, même dans les pays pauvres, ils prévoient une stabilisation de la population mondiale entre onze et quatorze milliards d'individus, d'ici un peu plus d'un siècle. Mais la limitation des ressources naturelles risque de poser le problème bien avant. D'ici le début du troisième millénaire, les tensions sur l'approvisionnement pétrolier auront repris, et elles ne seront pas les seules. L'innovation, dans ces conditions, n'est plus une fin en soi. Une grande part de son énergie est orientée à déjouer les pièges de la surconsommation.

Si l'on se place du point de vue de la survie de l'espèce, nous avons environ un siècle devant nous pour assurer son équilibre écologique avec son milieu. C'est court ! Il faut une à deux générations pour alphabétiser, et plus encore pour changer les habitudes de consommation. Quant aux infrastructures, l'installation d'un réseau de communication mondial à large bande, dit RNIS (réseau numérique à intégration de services), capable de transmettre l'image animée et le son comme aujourd'hui le téléphone, autrement dit le visiophone, prendra, d'après les échéanciers actuels, jusqu'en 2025. Rien qu'en Europe, ce serait un investissement de 1 000 Milliards d'écus (6 000 Milliards de Francs), si l'on en croit l'estimation de Ricardo Petrella (*Le Monde diplomatique*, sept. 87).

Si cependant il subsiste quelque espoir d'échapper aux effets de saturation et de déséquilibre qu'a connu déjà le Moyen Age à son déclin, c'est parce que les moyens d'information, qu'ils soient en étoile ou en réseau, concourent inévitablement, malgré leurs insuffisances actuelles, à la construction d'une conscience universelle.

Assurément, en cette fin de 1987, les esprits ne sont pas prêts à admettre qu'il faudrait consacrer des moyens importants aux enjeux planétaires et s'occuper de l'avenir de l'espèce humaine. Chacun est pris par ses intérêts particuliers, avec la bonne conscience que donne le sentiment confus, mais inexact, que la somme des intérêts particuliers coïncide avec l'intérêt général. La prise de conscience, dans ces conditions, ne peut se déclencher que dans des circonstances dramatiques. Il se pourrait bien que, dans les prochaines années, la conjonction :

– d'une tempête monétaire et financière, résultat de la dérèglementation s'appliquant au moment où la technique permet aux échanges de se faire à la vitesse de la lumière,

– de la persistance de l'augmentation du chômage dans les pays développés, et aussi dans les pays en voie de développement dont les jeunes générations, nombreuses, viendront grossir le nombre des déçus du développement économique,

– de la dégradation des conditions de vie urbaines, par suite des pollutions, épidémies, embouteillages et saturations diverses, rendant sensibles les limites, au coeur même des modernes babylones,

fasse apparaître cette conscience, d'abord minoritaire, puis de plus en plus large. En ce qui concerne les moyens, la résolution d'une telle crise sort nécessairement du cadre des Etats-nations. Elle suppose une sorte de gouvernement mondial, ou au moins un processus de décision planétaire, qui :

– maîtrise la monnaie, et régule ou fasse réguler les cours des grandes matières premières agricoles, minérales et énergétiques.

– finance une relance Keynésienne internationale par grands investissements structurants et humanitaires (communications, éducation, aménagement du territoire..),

– et fasse respecter les droits de l'homme.

Comme personne n'est encore prêt aux quelques abandons de souveraineté nécessaires pour permettre l'existence d'une telle organisation, il est possible que la crise doive atteindre une sorte de paroxysme, aboutissant à l'inversion du "chacun pour soi", avant qu'on se résolve à la mettre en place.

Le temps est venu, disait Descartes, de nous rendre comme maîtres et possesseurs de la nature"; voilà qui est fait. Mais, dit aujourd'hui Jean-François Lyotard, "nous savons ce que nous pouvons, mais nous ne savons pas ce que nous voulons". Commençons donc à nous rendre maîtres et possesseurs de nous-mêmes, en vue de retrouver l'harmonie nécessaire avec la nature d'où nous venons, et à laquelle nous retournons.

ANNEXE

Réécriture de la déclaration des droits de l'homme par le groupe GEREMI

(version provisoire fin 87)

Le groupe GEREMI[1] a d'abord été constitué par le CPE pour présenter une synthèse "la vie quotidienne en 2010", lors de la conclusion du colloque Europrospective, réunissant en avril 87 1300 prospectivistes européens pendant trois jours à la Villette. Le groupe est formé de neuf personnes, ayant entre 18 et 30 ans, de formation universitaire pour la plupart. En juin 87, il a rencontré François Baroin. Celui-ci projetait de faire promulguer par des "jeunes" une nouvelle déclaration des droits de l'homme, à l'occasion du bicentenaire de la révolution française. GEREMI s'est alors proposé d'en faire une rédaction, que l'on trouvera ci-après, dans sa version provisoire de décembre 87, suivie de la déclaration originale de 1789. Ayant effectué ce travail, GEREMI considère que les droits de l'homme n'appartiennent à personne, à aucun groupe, aucune nation, aucune instance internationale particulière, mais que chacun gagne à tenter de réécrire la déclaration. Il invite donc les jeunes – et les moins jeunes – du monde entier à refaire ce qu'il a fait. Il suggère aux enseignants, et à tous les hommes de bonne volonté d'organiser ce travail, dans tous les pays, comme préparation au troisième millénaire.

Article 1 : Les hommes et les femmes naissent et demeurent libres. Ils sont et resteront égaux devant le droit. Aucune différence, qu'elle soit physique, politique, de sexe, de race, de religion, de culture, de moeurs, d'appartenance ou de nationalité ne peut fonder quelque discrimination ou exclusion que ce soit.

1. Les membres du groupe GEREMI, maintenant constitué en Association, sont, par ordre alphabétique : Michel BARET, Christian BAUDIMENT, (Thierry GAUDIN), Fabienne GOUX-BAUDIMENT, Véronique LE GOAZIOU, Carole RYCKEWAERT, Laurent TRUCHON, Sophie TUTKOVICS, Frédéric WORMS.

Article 2 : Tout être conscient a droit à la vie, à la santé et à la sécurité, au respect de son intégrité physique, psychique et morale, et à la maîtrise de sa procréation.

Chacun a le droit de décider du temps, du lieu et des conditions de sa mort. Nul ne peut être considéré comme coupable d'avoir aidé à mourir celui qui le sollicite.

Article 3 : La maternité, l'enfance et la vieillesse ont droit à une aide, à une assistance et à une protection particulières. Tous les enfants, quelle que soit leur origine et leur situation, jouissent des mêmes droits.

Article 4 : La société doit être solidaire de ceux qui sont démunis, en les aidant à subsister, à se loger, à se procurer du travail, ou en assurant les moyens d'exister à ceux qui sont hors d'état de travailler.

Article 5 : Il est nécessaire, pour l'exercice des libertés, que chacun reçoive une instruction, obligatoire et gratuite, lui donnant accès au maniement des techniques d'usage courant. Toute personne a droit à l'éducation, et au libre accès aux connaissances.

L'éducation doit viser au plein épanouissement de la personnalité humaine, et au renforcement du respect des droits de l'homme et des libertés fondamentales. Elle doit favoriser la compréhension, la tolérance, l'amitié entre les individus, les nations, les groupes raciaux, religieux et politiques.

Chacun doit pouvoir, selon ses aptitudes, bénéficier d'une qualification professionnelle valorisante en harmonie avec les besoins sociaux, économiques et culturels de l'humanité.

Article 6 : Nul ne peut être inquiété pour ses opinions, quelles qu'elles soient (religieuses, philosophiques, artistiques, scientifiques, politiques...), ou pour son apparence, pourvu que leur manifestation ne lèse pas les droits d'autrui.

La libre communication des pensées et des opinions est un droit inaliénable. Chacun peut donc parler, écrire, diffuser, manifester sa pensée librement par tous les moyens qu'offre la technique, dans les conditions définies par la loi. Lorsque ces moyens permettent une diffusion de masse, ils doivent être ouverts aux opinions minoritaires.

Article 7 : Nul genre de travail, d'activité, de commerce ne peut être interdit à quiconque, sauf s'il porte atteinte aux droits de l'homme, à l'héritage culturel ou naturel, à la santé ou à la sécurité publique.

La liberté économique est protégée par des dispositions législatives. En particulier, la loi limite les ententes et positions dominantes.

Chacun peut engager ses services, son temps ; mais il ne peut être vendu ni prendre d'engagement irrévocable, car la personne humaine n'est pas une propriété aliénable. La loi protège les individus contre toute forme d'oppression, notamment économique.

Chacun est également admissible à toutes dignités, places et emplois, sans autre distinction que celle de ses talents et de ses vertus.

Article 8 : Les personnes ont droit à ce que les contrats, par eux conclus dans le respect des lois, soient observés.

Toute personne physique ou morale qui s'estime lésée au regard de la loi a le droit à ce que sa cause soit entendue équitablement, publiquement et dans un délai raisonnable par un tribunal indépendant et impartial établi par la loi, et à obtenir protection ou réparation.

Les jugements sont rendus publics, et s'imposent au pouvoir exécutif.

Article 9 : Chacun a le droit de vivre dans un environnement sain et respectueux des grands équilibres naturels.

Il a le droit d'être informé en temps utile des risques que présentent les produits d'usage courant, des décisions qui pourraient affecter son milieu de vie, de participer à ces décisions et, si ses droits étaient méconnus, de former un recours.

Toute personne physique ou morale a le devoir de respecter le patrimoine naturel et culturel, et de veiller à ce qu'il soit transmis aux générations futures.

Article 10 : La propriété est un des droits de l'homme. Nul ne peut en être privé si ce n'est lorsque la nécessité publique, légalement constatée, l'exige évidemment, et sous la condition d'une juste et préalable indemnité.

Tout auteur, tout interprête d'une oeuvre de l'esprit jouit sur cette oeuvre, ou sur son interprétation, d'un droit de propriété qui doit être garanti par la loi.

Article 11 : Tout homme ou femme, conjointement à ses droits civiques, bénéficie de droits inaliénables, dans les limites définies par la loi :

– le droit de circuler librement et de se fixer en tout lieu,

– le droit à l'inviolabilité de son domicile, au secret de son identité et de sa correspondance,

– le droit d'être protégé contre la diffamation,

– le droit de se réunir, de défiler librement sur la voie publique,

– le droit d'obtenir asile en cas de violation des libertés garanties par la présente déclaration.

Article 12 : Le but de toute institution politique est la protection et la promotion des droits naturels et imprescriptibles de l'homme. Ces droits sont, en particulier, ceux énoncés ci-dessus.

Article 13 : La liberté consiste à pouvoir faire tout ce qui ne nuit pas à autrui. Ainsi, l'exercice des droits de chacun n'a de bornes que celles qui assurent aux autres membres de la société la jouissance de ces mêmes droits. Ces bornes ne peuvent être déterminées que par la loi, pour protéger les droits fondamentaux d'autrui.

Tout ce qui n'est pas défendu par la loi ne peut être empêché, et nul ne peut être contraint à faire ce qu'elle n'ordonne pas. La loi est la même pour tous.

L'exercice de la liberté donne le droit de développer ses potentialités, de créer des personnes morales (associations, entreprises, fondations...), et nécessite celui d'avoir une personnalité juridique.

Article 14 : Nul n'est censé ignorer la loi. Les institutions ont donc le devoir de faire diffuser les lois en vigueur et de veiller à ce que leur compréhension soit accessible à tous.

L'interprétation des lois relève du pouvoir judiciaire, lequel est strictement séparé du législatif, qui les élabore, et de l'exécutif, qui gère les services publics. Le judiciaire ne se saisit pas des affaires qu'il traite, il est saisi.

Article 15 : Le principe de toute souveraineté réside essentiellement dans le peuple. Nul corps, nul individu ne peut exercer d'autorité qui n'en émane expressément.

La loi étant l'expression de la volonté générale, tous ceux qui ont atteint la majorité ont le droit de concourir personnellement, ou par leurs représentants élus, à l'établissement des lois qu'ils subissent.

Article 16 : La force publique doit être la garantie des droits de l'homme, instituée pour l'avantage de tous et non pour l'utilité particulière de ceux à qui elle est confiée. Elle ne peut en aucun cas s'ériger en pouvoir distinct.

Nul ne peut être accusé, arrêté, détenu que dans des cas déterminés par la loi, selon les formes qu'elle a prescrites et sous contrôle du pouvoir judiciaire. Ceux qui sollicitent, donnent, exécutent ou font exécuter des ordres arbitraires doivent être punis, mais tout individu se rend coupable en résistant à l'application de la loi ou des jugements.

La loi ne doit établir que des peines strictement et évidemment nécessaires.

Nul ne peut être puni qu'en vertu d'une loi établie et promulguée antérieurement au délit et légalement appliquée.

Tout accusé étant présumé innocent jusqu'à ce qu'il ait été déclaré coupable, s'il est jugé indispensable de l'arrêter, toute rigueur qui ne serait pas nécessaire pour s'assurer de sa personne doit être sévèrement réprimée par la loi.

Article 17 : La contribution commune indispensable pour l'entretien de la force publique et les dépenses des autres services publics doit être également répartie entre tous les usagers, en raison de leurs facultés et des coûts qu'entraînent leurs activités et leurs propriétés. Les contributions sont établies dans leurs taux, leurs assiettes et leur durée par la loi.

Tous ont le droit de constater par eux mêmes ou par leurs représentants la nécessité de la contribution dont le détail des recettes et des dépenses et d'en suivre l'emploi.

Article 18 : Chacun a le droit de demander compte à tout élu et à tout agent public de son exercice, de sa gestion ou de son administration, à condition d'être personnellement concerné ou en cas d'atteinte aux droits de l'homme. Ceux-ci doivent lui fournir l'information demandée dans les meilleures conditions.

En outre, chacun doit être tenu informé de tout renseignement répertorié le concernant, y avoir accès sur simple demande, et former un recours en cas de refus de communication ou de contestation de sa part.

Article 19 : Les décisions engageant le patrimoine culturel ou naturel, l'éthique ou les générations futures doivent faire l'objet de campagnes d'information et de consultations populaires en proportion de leurs enjeux.

Article 20 : La démocratie sera assurée par la garantie des droits de l'homme, la séparation des trois pouvoirs, et la désignation des responsables de l'exécutif et du législatif – au suffrage universel – par des élections libres et régulières, dans lesquelles les droits des tendances minoritaires sont protégés.

Article 21 : Nul ne peut être privé pour des raisons politiques de la jouissance des droits fondamentaux énoncés dans les articles qui précèdent.

Article 22 : Le droit de revoir, de réformer et de changer sa constitution, ses structures et ses institutions est le droit inaliénable du peuple. Une génération ne peut assujettir à ses lois les générations futures.

Article 23 : Chacun a le devoir de respecter, de faire connaître et respecter la déclaration des droits de l'homme et la démocratie dans le monde entier.

En cas de non respect, toute personne physique ou morale a le droit d'en appeler d'abord à la sanction des autorités territorialement compétentes, qui doivent nécessairement disposer des moyens légaux de cette sanction. Puis, si la violation du droit n'est pas sanctionnée, un recours doit pouvoir être formé auprès d'instances internationales indépendantes.

Quand les droits de l'homme sont violés, la résistance à l'oppression est pour le peuple le plus sacré et le plus indispensable des devoirs.

Déclaration des droits de l'homme du 26-8-1789

Préambule

Les représentants du peuple français, constitués en Assemblée Nationale, considérant que l'ignorance, l'oubli ou le mépris des Droits de l'Homme, sont les seules causes des malheurs publics et de la corruption des Gouvernements, ont résolu d'exposer, dans une Déclaration solemnelle, les Droits naturels, inaliénables et sacrés de l'Homme, afin que cette Déclaration, constamment présente à tous les membres du corps social, leur rappelle sans cesse leurs droits et leurs devoirs ; afin que les actes du Pouvoir législatif et ceux du Pouvoir exécutif pouvant être à chaque instant comparés avec le but de toute institution politique, en soient plus respectés ; afin que les réclamations des citoyens, fondées désormais sur des principes simples et incontestables, tournent toujours au maintien de la Constitution et au bonheur de tous.

En conséquence, l'Assemblée Nationale reconnaît et déclare, en présence et sous les auspices de l'Etre Suprême, les droits suivants de l'homme et du citoyen :

Article 1 : Les hommes naissent et demeurent libres, et égaux en droits. Les distinctions sociales ne peuvent être fondées que sur l'utilité commune.

Article 2 : Le but de toute association politique et la conservation des droits naturels et imprescriptibles de l'homme. Ces droits sont la liberté, la propriété, la sûreté et la résistance à l'oppression.

Article 3 : Le principe de toute souveraineté réside essentiellement dans la Nation. Nul corps, nul individu ne peut exercer d'autorité qui n'en émane expressément.

Article 4 : La liberté consiste à pouvoir faire tout ce qui ne nuit pas à autrui. Ainsi, l'exercice des droits naturels de chaque homme n'a de bornes que celles qui assurent aux autres membres de la société la jouissance de ces mêmes droits. Ces bornes ne peuvent être déterminées que par la loi.

Article 5 : La loi n'a le droit de défendre que les actions nuisibles à la société. Tout ce qui n'est pas défendu par la loi, ne peut être empêché ; et nul ne peut être contraint à faire ce qu'elle n'ordonne pas.

Article 6 : La loi est l'expression de la volonté générale. Tous les citoyens ont droit de concourir personnellement, ou par leurs représentants, à sa formation. Elle doit être la même pour tous, soit qu'elle protège, soit qu'elle punisse. Tous les citoyens étant égaux à ses yeux, sont également admissible à toutes dignités, places et emplois publics, selon leurs capacités, et sans autre distinction que celle de leurs vertus et de leurs talents.

Article 7 : Nul homme ne peut être accusé, arrêté ni détenu que dans les cas déterminés par la loi et selon les formes qu'elle a prescrites. Ceux qui sollicient, expédient, exécutent ou font exécuter des ordres arbitraires, doivent être punis ; mais tout citoyen appelé ou saisi en vertu de la loi, doit obéir à l'instant : il se rend coupable par la résistance.

Article 8 : La loi ne doit établir que des peines strictement et évidemment nécessaires, et nul ne peut être puni qu'en vertu d'une loi établie et promulguée antérieurement au délit, et légalement appliquée.

Article 9 : Tout homme étant présumé innocent jusqu'à ce qu'il ait été déclaré coupable, s'il est jugé indispensable de l'arrêter, toute rigueur qui ne serait pas nécessaire pour s'assurer de sa personne, doit être sévèrement réprimée par la loi.

Article 10 : Nul ne doit être inquiété pour ses opinions, même religieuses, pourvu que leur manifestation ne trouble pas l'ordre public établi par la loi.

Article 11 : La libre communication des pensées et des opinions est un des droits les plus précieux de l'homme. Tout citoyen peut donc parler, écrire, imprimer librement ; sauf à répondre de l'abus de cette liberté, dans les cas déterminés par la loi.

Article 12 : La garantie des Droits de l'Homme et du Citoyen nécessite une force publique. Cette force est donc instituée pour l'avantage de tous, et non pour l'utilité particulière de ceux auxquels elle est confiée.

Article 13 : Pour l'entretien de la force publique, et pour les dépenses d'administration, une contribution commune est indispensable. Elle doit être également répartie entre tous les citoyens, en raison de leurs facultés.

Article 14 : Tous les citoyens ont le droit de constater par eux-mêmes, ou par leurs représentants, la nécessité de la contribution ; de la consentir librement ; d'en suivre l'emploi, et d'en déterminer la quotité, l'assiette, le recouvrement et la durée.

Article 15 : La société a le droit de demander compte à tout agent public de son administration.

Article 16 : Toute société dans laquelle la garantie des Droits n'est pas assurée, ni la séparation des Pouvoirs déterminée, n'a point de Constitution.

Article 17 : La propriété étant un droit inviolable et sacré, nul ne peut en être privé si ce n'est lorsque la nécessité publique, légalement constituée, l'exige évidemment, et sous la condition d'une juste et préalable indemnité.

Bibliographie

Histoire :

BOORSTIN Daniel, *Les découvreurs*, Seghers, 1986.

BRAUDEL Fernand, Civilisation matérielle, économie et capitalisme, Armand Colin, 1986.

BRAUDEL Fernand, *L'identité de la France*, Arthaud Flamm, 1986.

DUBY Georges, Histoire de la France rurale, Seuil, 1976.

DUBY Georges, Histoire de la France urbaine, Seuil, 1985.

GILLE Bertrand, Histoire des techniques, La Pleïade, 1978.

MUMFORD Lewis, La cité à travers l'histoire, Seuil, 1972.

S. LANDES David, L'heure qu'il est, Gallimard, 1987.

Moyen Age :

DUBY Georges, *Guerriers et paysans*, Gallimard, 1978.

DUBY Georges, *Les trois ordres ou l'imaginaire du féodalisme*, Gallimard, 1978.

FAVIER Jean, *L'or et les épices*, Fayard, 1987.

FAVIER Jean, *La guerre de cent ans*, Fayard, 1980.

GIMPEL Jean, *La révolution industrielle au Moyen Age*, Seuil, 1985.

H. BREDERO Adriaan, *Cluny et Cîteaux au 12e siècle*, PULille, 1985.

LEA H.C., *Histoire de l'inquisition au Moyen Age*, Jerome Millon, 1986.

OLDENBOURG Zoé, *Le bûcher de Montségur*, Gallimard, 1959.

OLDENBOURG Zoé, *Saint Bernard*, Marabout, 1970.

POUILLON Fernand, *Les pierres sauvages*, Seuil, 1978.

SAINT-BENOIT, *La Règle*, Solesmes, 1983.

SALA MOLINS Louis, *Le dictionnaire des inquisiteurs*, Galilée, 1981.

SALA MOLINS Louis, *Le manuel des inquisiteurs*, Mouton, 1973.

Renaissance-révolution :

BRAUNSTEIN, DELORT, *Venise, portrait historique d'une cité*, Points Seuil, 1971.

CLOULAS Ivan, *Les Borgia*, Fayard, 1984.

ELIAS Norbert, *La société de cour*, Champs Flamm, 1974.

GILLE Bertrand, *Les ingénieurs de la renaissance*, Hermann, 1967.

HEERS Jacques, *Machiavel*, Fayard, 1985.

LARIVAILLE Paul, *La vie quotidienne en Italie au temps de Machiavel*, Hachette, 1979.

LOUIS XIV, *Mémoires*, Club fr. du livre, 1960.

MACHIAVEL, *Oeuvres complètes*, La Pleïade, 1964.

MIQUEL Pierre, *Les guerres de religion*, Fayard, 1986.

MURAT Inès, *Colbert*, Fayard, 1986.

S. LANDES David, *L'europe technicienne*, Gallimard, 1975.

VOVELLE Michel, *Ville et campagne au XVIIIe siècle*, Ed. sociales, 1980.

WILHELM Jacques, *La vie quotidienne des parisiens au temps du roi soleil*, Hachette, 1977.

Révolution industrielle :

AUTIN Jean, *Les frères Péreire*, Perrin, 1984.

BEAUBOIS Henry, *Dirigeables*, Edita, 1973.

BENTHAM Jeremy, *Le Panoptique*, Belfond, 1977.

BERTHO Catherine, *De valmy au microprocesseur*, Poche, épuisé.

CHARLETY Sébastien, *Histoire du Saint-simonisme*, Médiations, 1965.

CHASSAGNE Serge, *Oberkampf, un entrepreneur au XVIIIe siècle*, Aubier, 1980.

CHAUSSINAND-NOGARET Guy, *La noblesse au XVIIIe siècle*, Hachette, 1984.

COMBES André, *Les trois siècles de la maçonnerie française*, Edimaf, 1987.

D'ALEMBERT, *Essai sur les éléments de philosophie*, Fayard, 1959.

DARNTON Robert, *L'aventure de l'encyclopédie*, Perrin, 1982.

DE TOCQUEVILLE A., *L'ancien régime et la révolution*, Idées Gallim, 1964.

FAURE Edgar, *La disgrâce de Turgot*, Gallimard, 1961.

FOUCAULT Michel, *Surveiller et punir*, Gallimard, 1975.

GODIN J. B, *La richesse au service du peuple*, Guy Durier, 1979.

GOUBERT Jean-Pierre, *La conquête de l'eau*, Laffont, 1985.

HENAFF Marcel, *Sade, l'invention du corps libertin*, PUF, 1978.

LANGINS J., *L'école Polytechnique*, Belin, 1984.

LISSARAGUE Pierre, *Premiers envols*, Joël Cuenot, 1982.

MARSEILLE Jacques, *Histoire d'une famille ouvrière de 1770 à nos jours*, Hachette, 1981.

PETITFILS Jean Christian, *La vie quotidienne des communautés utopistes au dix-neuvième siècle*, Hachette, 1981.

PIERRARD Pierre, *La vie ouvrière à Lille sous le second empire*, Bloud et Gay, 1965.

RIO Jean-Pierre, *La révolution industrielle*, Points Seuil, 1971.

RUDE Fernand, *Voyage en Icarie*, PUF, 1970.

SMITH Adam, *Recherches sur la nature et les causes de la richesse des nations*, Idées Gallim, 1984.
WALD LASOWSKI P., *L'ardeur et la galanterie*, Gallimard, 1986.

Epoque contemporaine, sociologie :

BAREL Yves, *La marginalité sociale*, PUF, 1982.
BARTHES Roland, *Le système de la mode*, Seuil, 1983.
BEAUD Michel, *Histoire du capitalisme*, Seuil, 1984.
CARON François, *Le résistible déclin des sociétés industrielles*, Perrin, 1985.
CATHELAT Bernard, *Styles de vie*, Ed. d'organisation, 1985.
CLOUSCARD Michel, *Le capitalisme de la séduction*, Ed. sociales, 1981.
CORIAT Benjamin, *L'atelier et le chronomètre*, Christian Bourgois, 1982.
CROZIER Michel, *L'acteur et le système*, Points Seuil, 1977.
CROZIER Michel, *Le phénomène bureaucratique*, Points Seuil, 1971.
DE GAUDEMAR J. P., *Usines et ouvriers*, Maspero, 1980.
DE MONTBRIAL Thierry, *RAMSES*, Ed. Economica, 1985.
GIEDEON Siegfried, *La mécanisation au pouvoir*, CCI Pompidou, 1983.
GRAS Alain, *Sociologie des ruptures*, PUF, 1979.
MC LUHAN Marshall, *Pour comprendre les médias*, Points Seuil, 1968.
MERCIER, PLASSARD, SCARDIGLI, *La société digitale*, Seuil, 1984.
OBALK, SORAL, PASCHE, *Les mouvements de mode expliqués aux parents*, Laffont, 1985.
SCARDIGLI Victor, *L'Europe des modes de vie*, CNRS, 1987.
SCARDIGLI Victor, *La consommation, culture du quotidien*, PUF, 1980.
TOURAINE Alain, *La société post-industrielle*, Denoel, 1969.

Entreprise, gestion, économie :

BERRY Michel, *Une technologie invisible*, CRG Polytechnique, 1986.
BURKE Mike, *A chacun son style d'entreprise*, Interéditions, 1987.
DEBREU Gérard, *Théorie de la valeur*, Dunod, 1984.
DEGOT, GIRIN, MIDLER, *Chroniques Muxiennes*, Entente, 1982.
GEST, *Grappes technologiques et stratégies industrielles*, Mc Graw Hill, 1986.
HAYEK, *Droit législation et liberté*, PUF, 1986.
JEWKES, SAWERS, STILLERMANN, *L'invention dans l'industrie*, Ed. d'organisation, 1966.
MESSINE Philippe, *Les Saturniens*, La découverte, 1985.
MORIN Jacques, *L'excellence technologique*, Publi union, 1985.
NAISBITT John, *Coup d'état dans l'entreprise*, Interéditions, 1986.
OURY Jean-Marc, *Economie politique de la vigilance*, Calmann Levy, 1983.
PASSET René, *L'économique et le vivant*, Payot, 1983.
PETERS, WATERMAN, *Le prix de l'excellence*, Interéditions, 1983.
SERIEYX Hervé, *L'entreprise du troisième type*, Seuil, 1984.

SEURAT Silvère, *La coévolution créatrice*, Rivages/Les échos, 1987.
SWEENEY G. P., *Innovation policies*, Pinter, 1985.
SWEENEY G. P., *Les nouveaux entrepreneurs*, Ed. d'organisation, 1982.
TOFFLER Alvin, *S'adapter ou périr*, Denoel, 1986.

Enseignement, créativité :

BATESON Gregory, *La nature et la pensée*, Seuil, 1984.
BATESON Gregory, *Pour une écologie de l'esprit*, Seuil, 1980.
BERNE Eric, *Que dites vous après avoir dit bonjour*, Tchou, 1981.
CASPAR, AFRIAT, *L'investissement intellectuel*, CPE-Economica, 1988.
COUDER Bruno, LECUIT Jean, *Maintenant, lire n'est plus un problème pour moi*, Ed. Science et service, 1981.
DE PERETTI André, *Pour une école plurielle*, Larousse, 1938.
DEMORY, LANCESTRE, *Des produits nommés désirs*, Chotard, 1987.
DOLTO Françoise, *Tout est langage*, Vertiges/Carrère, 1987.
GRIGNON Claude, *L'ordre des choses*, Minuit, 1971.
HAMON, ROTMAN, *Tant qu'il y aura des profs*, Seuil, 1986.
HUIZINGA J., *Homo Ludens*, Gallimard, 1987.
KERCHBRON Jean, *Faut-il tuer 2 500 000 chômeurs*, Le rocher, 1987.
LABORDE Génie, *Influencer avec intégrité*, Interéditions, 1987.
PAPERT Seymour, *Le jaillissement de l'esprit*, Flammarion, 1981.
PERRIAULT Jacques, *Mémoires de l'ombre et du son*, Flammarion, 1987.
WATZLAWICK Paul, *L'invention de la réalité*, Seuil.
WINKIN Yves, *La nouvelle communication*, Seuil, 1984.

Japon, chine :

BALACZ Etienne, *La bureaucratie céleste*, Gallimard, 1969.
BARTHES Roland, *L'empire des signes*, Flammarion, 1980.
GRANET Marcel, *La civilisation chinoise*, Albin Michel, 1979.
SAUTTER Christian, *Les dents du géant*, Olivier Orban, 1987.

Tiers monde :

COMARIN Elio, *L'état du tiers monde*, La découverte, 1987.
GESSAIN Robert, *Amassalik*, Flammarion, 1970.
JAULIN Robert, *La paix blanche*, 10/18, 1972.
ROUILLE D'ORFEUIL Henri, *Le tiers monde*, La découverte, 1987.
SASSON Johnston, *New technologies and development*, UNESCO.

Philosophie, religion :

BAREL Yves, *La quête du sens*, Seuil, 1979.
BARTHES Roland, *Sur Racine*, Seuil, 1963.
BOURDIEU Pierre, *La distinction, critique sociale du jugement*, Minuit, 1980.
COLINVAUX Paul, *Les manèges du vivant*, Seuil, 1982.
COLLOQUE DE CERISY, *L'auto-organisation*, Seuil, 1981.
D'IRIBARNE Philippe, *La science et le prince*, Denoel, 1975.
DREYFUS Hubert, *L'intelligence artificielle, mythes et limites*, Flammarion.
DU BREUIL Paul, *Zarathoustra*, Payot, 1978.
ELIADE Mircéa, *Le mythe de l'éternel retour*, Idées Gallimard, 1969.
FINKELKRAUT Alain, *La défaite de la pensée*, Gallimard, 1987.
HABERMAS J., *La technique et la science comme idéologie*, Médiations, 1978.
HEIDEGGER Martin, *Essais et conférences*, Gallimard, 1980.
HENRY Michel, *La Barbarie*, Grasset, 1987.
HOFSTADTER Douglas, *Gödel Eicher Bach, Les brins d'une guirlande éternelle*, Interéditions, 1985.
JAULIN Robert, *Les chemins du vide*, Bourgois, 1977.
KREJTMAN Charles, *Pour Descartes*, Albin Michel, 1987.
KUHN T. S., *La structure des révolutions scientifiques*, Gallimard, 1983.
LEVY Pierre, *La machine Univers*, La découverte, 1986.
LYOTARD J. F., *La condition post-moderne*, Minuit, 1979.
MORIN Edgar, *La méthode*, Seuil, 1986.
PRIGOGINE, STENGERS, *La nouvelle alliance*, Gallimard, 1979.
ROQUEPLO Philippe, *Penser la technique*, Seuil, 1983.
SAINT-GEOURS Jean, *Eloge de la complexité*, Economica, 1987.
SCHAEFFER Pierre, *Faber et Sapiens*, Belfond, 1986.
SUARES Carlo, *La bible restituée*, Sophon, 1984.
THUILLIER Pierre, *Jeux et enjeux de la science*, Laffont, 1982.
THUILLIER Pierre, *Les savoirs ventriloques*, Seuil, 1983.
VERNANT Jean-Pierre, *Mythes et pensée chez les grecs*, Minuit, 1985.

Conflits :

CASTORIADIS Cornelius, *Devant la guerre*, Fayard, 1983.
EIBL-EIBESFELDT, *Guerre ou paix dans l'homme*, Stock, 1980.
FAYE Jean Pierre, *Langages totalitaires*, Hermann, 1980.
LEWIS Bernard, *Les Assassins*, Berger Levrault, 1984.
LORENZ Konrad, *L'agression, histoire naturelle du mal*, Flammarion, 1977.
SUN Tse, *Les treize articles*, L'impensé radical, 1987.

Prospective :

BAREL Yves, *La société du vide*, Seuil, 1984.

BATTLE Annie, *Les travailleurs du futur*, Seghers, 1986.

BRESSAND, DISTLER, *Le prochain monde*, Seuil, 1985.

CAZES Bernard, *Histoire des futurs*, Seghers, 1986.

CEE (Ricardo Petrella), *Rapport FAST* (Communautés européennes), Futuribles, 1983.

CGP-CNRS (Robert Fraisse), *Prospective 2005*, Economica, 1987.

COLE, FREEMANN, JAHODA, PAVITT, *Thinking about the future*, Sussex UP, 1974.

DE ROSNAY Joël, *Le Macroscope*, Points Seuil, 1977.

DECOUFLE A.C., *Traité élém. de prévision et de prospective*, PUF, 1978.

FONTENELLE, *Histoire des oracles*, Didier, 1934.

GIMPEL Jean, *Ultime rapport sur le déclin de l'occident*, O. Orban, 1985.

GODET Michel, *Crise de la prévision, essor de la prospective*, L'économiste, 1977.

LECERF et PARKER, *Les dictatures d'intelligentzia*, PUF, 1987.

LESOURNE et GODET, *La fin des habitudes*, Seghers, 1981.

MASUDA Yoneji, *The information society*, IIS Tokyo, 1983.

MORIN Edgar, *Penser l'Europe*, Gallimard, 1981.

NAISBITT John, *Megatrends*, Warner books, 1982.

SALOMON Jean-Jacques, *Prométhée empétré*, Futuribles, 1982.

STABLEFORD, LANGFORD, *Le troisième millénaire*, Aubier, 1986.

TOFFLER Alvin, *La troisième vague*, Denoel, 1982.

TOFFLER Alvin, *Les cartes du futur*, Denoel, 1983.

VILLOLDO, DYCHTWALD, *Prospectives scientifiques sur le 21e siècle*, Rocher, 1986.

Technologie : Voir les revues suivantes :

Sciences et techniques, Rédacteur en chef : André-Yves Portnoff
particulièrement le n° hors série juillet-aout 85 : Rapport sur l'état de la technique

Culture technique, Rédacteur en chef : Jocelyn de Noblet Ed. CRCT

CRCT : 69bis rue Charles Laffitte 92200 Neuilly (tel 47479527)

En ce qui concerne l'évolution de la technologie dans les pays développés (veille et prospective), voir le bulletin et les études du CPE, disponibles chez ADITECH, 96 Bd. Auguste Blanqui 75013 Paris (Tel 47071441).

Pour la technologie appropriée et les pays en développement, voir le centre de documentation et les publications du GRET, 213 rue La Fayette 75010 Paris (Tel 42391314).

Du même auteur, Thierry Gaudin :

L'écoute des silences, 1978, 10/18 épuisé (quelques exemplaires disponibles chez Sophon).

Pouvoirs du rêve, 1984, CRCT 69bis rue Charles Laffitte 92200 Neuilly.

Les dieux intérieurs, 1986, Cohérence-Sophon BP 47 67034 Strasbourg (Tel 88306559).

Le temps du germe, 1987, Cohérence-Sophon.

Réalisé en P.A.O. par STDI - Rue du Couvent - LASSAY-LES-CHATEAUX
Imprimé en France. — JOUVE, 18, rue Saint-Denis, 75001 PARIS
N° 10434. Dépôt légal : Juin 1988